Vorwort.

Das vorliegende Büchlein verfolgt den Zweck, in leichtfaßlicher Weise, dabei aber auf wissenschaftlicher Grundlage in die Theorie und Praxis des Mikroskopes einzuführen. Die zum Verständnis des Ganzen notwendigen Vorkenntnisse aus der geometrischen und physikalischen Optik sind zum Teil zu Anfang, zum Teil später an geeigneten Stellen kurz und elementar dargestellt. Bei der Entwicklung der Theorie des Mikroskopes ist die Anwendung mathematischer Formeln und Ableitungen auf ein denkbar geringes Maß beschränkt. Eine Darstellung der optischen Wirkungen des Mikroskopes ganz ohne mathematische Begriffe würde dem Wesen des Instrumentes nicht völlig gerecht werden. Schon die Vergrößerung, welche das Mikroskop zustande bringt, weist darauf hin, daß mathematische Beziehungen in seinem Wesen mit enthalten sind. Diese können denn auch zu einem wirklichen Verständnis der Theorie sowohl wie für eine Reihe praktischer Anwendungen nicht ganz entbehrt werden.

Die „Praxis des Mikroskopes" soll zunächst sowohl die Kenntnis der Einrichtung, Wirkungsweise und Handhabung des Mikroskopes und seiner wichtigsten Nebenapparate wie auch diejenige der hauptsächlichen Abarten des Mikroskopes, wie Ultramikroskop, Fluoreszenzmikroskop usw. vermitteln. Als für den praktischen Mikroskopiker von Bedeutung sind hierbei auch verschiedenartige Messungen mit dem Mikroskop berücksichtigt worden. Die Zurichtung der Untersuchungsobjekte für die mikroskopische Beobachtung ist nur kurz beschrieben worden, da eine ausführliche Darstellung der mikroskopischen Präparationsmethoden in einem besonderen Band dieser Sammlung (Bd. 765) erscheint. Um die große Bedeutung zu würdigen, welche das Mikroskop und die mikroskopischen Forschungsergebnisse für unsere heutige Kultur und Weltanschauung besitzen, ist ferner die Anwendung des Instrumentes in verschiedenen wichtigen Gebieten der Wissenschaft und Technik geschildert worden. Viel mehr als das Fernrohr hat ja das Mikroskop eine Umwälzung in den Anschauungen der Naturwissenschaften hervorgerufen. Der Beginn und Verlauf der Entdeckungen in der dem bloßen Auge völlig verschlossenen Welt des Mikrokosmos ist untrennbar mit der Entwicklung des Mikroskopes verbunden. Um daher das Bild dieses Instrumentes als Kulturfaktor vollständig abzurunden, ist im Anhang einiges aus der Geschichte des Mikroskopes mitgeteilt.

Möge das Büchlein dazu beitragen, dem wißbegierigen Laien ein Bild von dem Wesen und der kulturellen Bedeutung des Mikroskopes zu geben. Dem Mikroskopiker in Wissenschaft und Praxis möge es ein tieferes Verständnis für die Wirkungsweise und die Anwendungsmöglichkeiten seines Instrumentes verschaffen, da erst diese Kenntnis eine zielbewußte, unnütze Umwege vermeidende Anwendung der mikroskopischen Methoden auf vorliegende Probleme von Praxis und Forschung gewährleistet. Dem Anfänger mögen die zahlreichen praktischen Hinweise das Eindringen in die Kunst des Mikroskopierens erleichtern.

Göttingen, im Mai 1920.

A. Ehringhaus

Aus Natur und Geisteswelt
Sammlung wissenschaftlich-gemeinverständlicher Darstellungen

678. Band

Das Mikroskop
seine wissenschaftlichen Grundlagen und seine Anwendung

Von

Dr. phil. A. Ehringhaus
in Göttingen

Mit 75 Abbildungen im Text

Springer Fachmedien Wiesbaden GmbH 1921

Schutzformel für die Vereinigten Staaten von Amerika:
Copyright 1921 by Springer Fachmedien Wiesbaden
Ursprünglich erschienen bei B. G. Teubner in Leipzig 1921.

Alle Rechte, einschließlich des Übersetzungsrechts, vorbehalten
ISBN 978-3-663-15603-1   ISBN 978-3-663-16176-9 (eBook)
DOI 10.1007/978-3-663-16176-9
Softcover reprint of the hardcover 1st edition 1921

Inhaltsverzeichnis.

	Seite
Vorwort	3
I. Vorkenntnisse aus der Optik	
1. Sehwinkel und Vergrößerung	7
2. Definition des Mikroskopes	8
3. Optische Grundgesetze	8
4. Brechung des Lichtes an Kugelflächen. Linsen	9
5. Linsenfehler	12
II. Das einfache Mikroskop oder die Lupe	15
1. Strahlengang und Vergrößerung	15
2. Ausführungsformen der Lupen und ihre praktischen Anwendungen	16
III. Das zusammengesetzte Mikroskop	18
1. Grundbestandteile eines zusammengesetzten Mikroskopes	18
2. Schematischer Strahlenverlauf und Vergrößerung	19
3. Öffnungswinkel und numerische Apertur	20
4. Die optischen Teile und der Strahlengang im wirklichen Mikroskop	24
5. Aberration im Deckglas	26
6. Die Strahlenbegrenzung im Mikroskop	27
7. Die Objektbeleuchtung durch Spiegel und Kondensor	29
8. Die Abbildung selbstleuchtender Objekte durch optische Linsensysteme	31
9. Die Abbildung nichtselbstleuchtender Objekte oder sekundäre Abbildung	36
10. Die Bedeutung der numerischen Apertur für die Leistungsfähigkeit der Mikroskopobjektive	44
11. Einrichtung und Handhabung eines modernen Mikroskopes	45
12. Praktische Winke für den Gebrauch und die Behandlung des Mikroskopes	52
13. Die Objektive	53
14. Die Okulare	56
15. Die Auflösungsfähigkeit der verschiedenen Mikroskopobjektive	58
IV. Messungen an mikroskopischen Präparaten	61
1. Längenmessungen	61
2. Dickenmessungen	62
3. Zählen	64
4. Winkelmessungen	65
V. Die Bestimmung der optischen Konstanten des Mikroskopes	66
1. Die Messung der Brennweiten optischer Systeme	66
2. Bestimmung der Lage von Brennebenen	68
3. Direkte Bestimmung der Vergrößerung eines Mikroskopes	69
4. Messung der Aperturen der Mikroskopobjektive	70

Inhaltsverzeichnis

	Seite
VI. Prüfung der Leistung eines Mikroskopes	71
VII. Hilfsapparate zum Mikroskop	74
1. Lichtquellen	74
2. Mechanische Nebenapparate	74
a) Objektführapparate	74
b) Okular=Schraubenmikrometer	76
3. Optische Nebenapparate	76
a) Polarisationsvorrichtung, Untersuchung optisch anisotroper Stoffe	76
b) Oberflächenbeleuchtung, Untersuchung undurchsichtiger Objekte	78
c) Zeichenokulare und Zeichenapparate. Das Zeichnen mikroskopischer Objekte	80
d) Vorrichtung zur Umkehr des mikroskopischen Bildes	82
e) Beleuchtungseinrichtung für einfarbiges Licht	82
f) Das Spektralokular	82
VIII. Das bildumkehrende Mikroskop	83
IX. Dunkelfeldbeleuchtung	84
X. Erweiterung der Grenze des mikroskopischen Auflösungsvermögens mit Hilfe des Ultraviolett=Mikroskopes. Das Fluoreszenz=Mikroskop	88
XI. Ultramikroskopie und verbesserte Methoden der Dunkelfeldbeleuchtung	90
XII. Die Zurichtung mikroskopischer Objekte für die Beobachtung	96
XIII. Die mikroskopische Wahrnehmung	98
XIV. Anwendung des Mikroskopes in Wissenschaft und Technik	102
1. Das Mikroskop als physikalisches Meßinstrument	103
2. Entdeckung und Untersuchung der mikroskopischen Lebewelt	104
3. Untersuchung des Feinbaues von Tier und Pflanze	105
4. Medizin	106
5. Untersuchung und Bestimmung von Mineralien und Gesteinen in Mineralogie und Petrographie	107
6. Die Benutzung chemischer Reaktionen bei mikroskopischen Untersuchungen	109
7. Wissenschaftliche und technische Untersuchung von Metallen und anderen undurchsichtigen Stoffen	110
8. Untersuchung von Nahrungs=, Genuß= und Heilmitteln sowie anderen Handelsprodukten	111
9. Das Mikroskop in der Kolloidchemie	112
XV. Einiges aus der Geschichte des Mikroskopes	113
Sachregister	117

I. Vorkenntnisse aus der Optik.

1. Sehwinkel und Vergrößerung.

Wenn wir ein Zehnpfennigstück genauer betrachten wollen, so nähern wir es dem Auge auf eine bestimmte günstigste Entfernung, die wir als deutliche Sehweite bezeichnen. Diese schwankt von Person zu Person und hängt ab von der Sehkraft des Auges. Die normale deutliche Sehweite hat man allgemein zu 25 cm angenommen. Verbinden wir die Mitte der Augenpupille P (Abb. 1) mit zwei gegenüberliegenden Randpunkten RR' des Zehnpfennigstückes bei I, so erhalten wir in dem Winkel $RPR' = w$ der Verbindungsgeraden PR und PR' den Sehwinkel, unter dem das Geldstück in I dem Auge erscheint.

Entfernen wir die Münze mehr und mehr vom Auge, so wird der Sehwinkel kleiner, wie aus den Stellungen II und III in Abb. 1 ersichtlich ist. Die scheinbare Größe des Geldstückes nimmt dabei entsprechend ab und sinkt von einer gewissen Entfernung an unter die

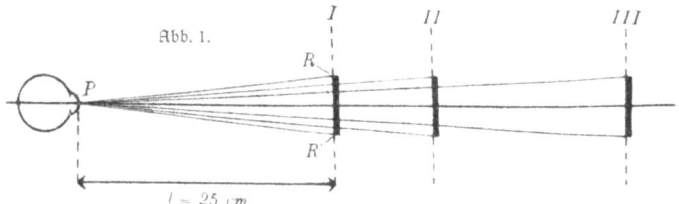

Abb. 1.

Grenze der Erkennbarkeit für das Auge. Normalerweise findet dies statt, wenn der Sehwinkel kleiner wie eine Bogenminute wird. Für ein Zehnpfennigstück von 21 mm im Durchmesser berechnet sich diese Grenzentfernung zu etwas über 72 m. In der normalen deutlichen Sehweite erscheint unser Geldstück unter einem Sehwinkel von $4^0\,48,5$ oder rund 290 Bogenminuten. Einer Bogenminute entspricht in der gleichen Entfernung eine Körpergröße von 0,074 mm.

Da nach vorigem die scheinbare Größe eines Gegenstandes mit der Größe seines Sehwinkels wächst, so müßte man theoretisch den Gegenstand durch beliebige Annäherung an das Auge beliebig stark vergrößern können. Hieran hindert uns in der Praxis jedoch die Unfähigkeit unseres Auges, Gegenstände, welche innerhalb der deutlichen Sehweite liegen, scharf zu erkennen.

2. Definition des Mikroskopes.

Einzelheiten an Gegenständen, welche auch bei Annäherung an das Auge bis in die deutliche Sehweite kleiner als die Grenze der Erkennbarkeit für das Auge bleiben, können nur bei optischer Vergrößerung des Sehwinkels über eine Bogenminute sichtbar werden. Jedes optische Instrument, welches dazu dient, den Sehwinkel von innerhalb der deutlichen Sehweite liegenden Gegenständen so weit zu vergrößern, daß an ihnen Einzelheiten sichtbar werden können, welche für das bloße Auge unter der Grenze der Erkennbarkeit liegen, ist ein Mikroskop.

Man unterscheidet das einfache Mikroskop und das zusammengesetzte Mikroskop. Die Wirkungsweise beider läßt sich theoretisch auf die optischen Wirkungen von einfachen Bikonverlinsen in geeigneter Anordnung zurückführen. Um diese Verhältnisse zu verstehen, müssen wir uns kurz einige optischen Grundgesetze klar machen.

3. Optische Grundgesetze.

Von einer Lichtquelle, etwa einer Kerze, pflanzt sich das Licht nach allen Seiten geradlinig fort. Man erkennt dies an dem Schattenwurf eines undurchsichtigen Gegenstandes, z. B. einer Münze. Strengere Beweise für die geradlinige Fortpflanzung des Lichtes ergeben sich aus physikalischen oder speziell astronomischen Beobachtungen. Licht, welches sich längs einer Geraden fortpflanzt, nennen wir einen Lichtstrahl.

Fällt ein Lichtstrahl auf die ebene Grenzfläche zwischen zwei Mitteln, sagen wir Luft und Glas, so spaltet er sich in zwei Anteile, von denen der eine in das Ausgangsmittel zurückgeworfen oder reflektiert, der andere in das zweite Mittel hineingebrochen wird (Abb. 2). Die in der Ebene des einfallenden Strahles SO in seinem Schnittpunkt O mit der Grenzfläche der beiden Mittel errichtete Senkrechte LO

heißt **Einfallslot**, die Ebene durch einfallenden Strahl SO und Einfallslot LO **Einfallsebene**. Für die Reflexion und Brechung des Lichtes an einer ebenen Grenzfläche gelten dann folgende Gesetze: 1. Der reflektierte Strahl sowohl wie der gebrochene liegen in der Einfallsebene, und zwar auf der anderen Seite des Einfallslotes, wie der einfallende Strahl (Abb. 2: SO einfallender Strahl, OR reflektierter Strahl, OG gebrochener Strahl).
2. Der Reflexionswinkel $LOR = \alpha'$ ist gleich dem Einfallswinkel $SOL = \alpha$ (Abb. 2).
3. Der Sinus des Einfallswinkels $SOP = \alpha$ steht zum Sinus des Brechungswinkels $QOG = \beta$ in einem konstanten Verhältnis, das nur von der Natur der beiden Mittel und der Farbe des Lichtes abhängig ist:

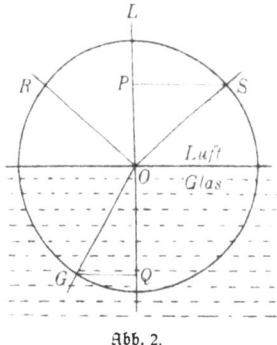

Abb. 2.

$\frac{\sin \alpha}{\sin \beta} = n$. Die Konstante n nennt man das **Brechungsverhältnis** der beiden Mittel gegeneinander.

Setzt man den Radius SO des um den Punkt O der Grenzfläche in der Einfallsebene gezogenen Kreises gleich Eins, so stellt die vom Punkte S auf das Einfallslot LO gefällte Senkrechte SP den Sinus des Einfallswinkels $SOP = \alpha$, die von G aus auf das Einfallslot gefällte Senkrechte GL den Sinus des Brechungswinkels $QOG = \beta$ dar. Es ist also $\frac{PS}{GQ} = \frac{\sin \alpha}{\sin \beta} = n$. Für unseren Fall Glas gegen Luft stehen die Strecken PS und GQ im Verhältnis 3 zu 2.

4. Brechung des Lichtes an Kugelflächen. Linsen.

Ist die Grenzfläche zweier Mittel stetig gekrümmt, also zum Beispiel von der Gestalt einer Kugelfläche, so gelten die Gesetze der Reflexion und der Brechung genau wie an einer ebenen Grenzfläche. Dies ist leicht einzusehen, da eine Kugelfläche aus lauter unendlich kleinen, ebenen Flächenstücken zusammengesetzt gedacht werden kann. Das Einfallslot LO (Abb. 3) bildet dann die Normale eines solchen Flächenstückes und fällt also in die Richtung eines Krümmungsradius OC der Kugel um C. Die Tangente im Einfallspunkt O stellt die Trennungslinie der beiden Mittel in der Einfallsebene für alle nach O

hinzielenden Lichtstrahlen dar. Wir haben also in Abb. 3 dasselbe Bild wie in Abb. 2, nur etwas verdreht, und diese Konstruktion würde sich in gleicher Weise für jeden Punkt der Kugel wiederholen.

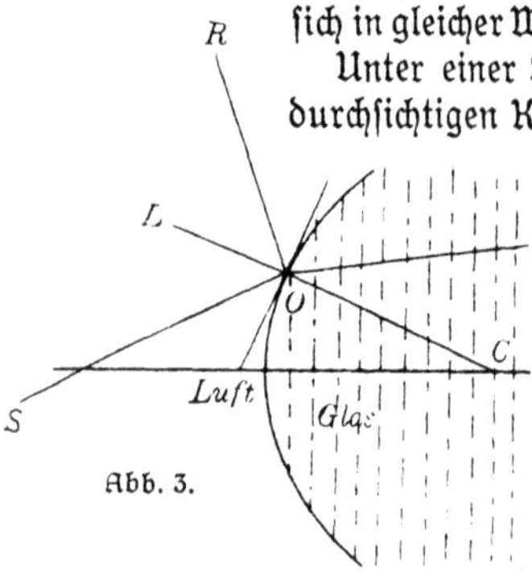

Unter einer Linse verstehen wir ganz allgemein einen durchsichtigen Körper, der von zwei Kugelflächen begrenzt wird. Hierbei kann die eine Kugelfläche einen unendlich großen Radius haben, also plan sein. Für die praktische Optik kommen der leichteren Herstellbarkeit wegen nur sog. zentrierte Linsen in Frage. Eine zentrierte Linse ist eine solche, bei der die Kugelkalotten sowohl wie die seitliche zylindrische Begrenzung der Linse symmetrisch zur optischen Achse, das heißt der Verbindungslinie der beiden Krümmungsmittelpunkte, liegen. In einem zusammengesetzten Linsensystem werden die Linsen ebenfalls zentriert angeordnet. Alle optischen Achsen der Einzellinsen fallen dann in eine gerade Linie zusammen.

Abb. 3.

Jede Linse und jedes Linsensystem läßt sich geometrisch durch vier Ebenen darstellen. Dies sind die beiden Hauptebenen HH' und $H_1 H_1'$ und die beiden Brennebenen FF' und $F_1 F_1'$ (Abb. 5). Bei einem Linsensystem reden wir analog von zwei Äquivalenthauptebenen und zwei Äquivalentbrennebenen und meinen damit die Ebenen, welche sich als Resultierende aus den entsprechenden Ebenen der Einzellinsen ergeben. Ist die Dicke der Linse, d. h. die Entfernung der beiden Kugelflächen in der optischen Achse klein gegenüber der Entfernung einer Hauptebene von der zugehörigen Brennebene, also gegenüber der Brennweite, so kann man praktisch die beiden Hauptebenen in eine einzige Ebene zusammenfallen lassen. Linsen, bei denen dies gestattet ist, nennen wir dünne Linsen. Eine dünne Linse wird also durch eine Hauptebene und zwei Brennebenen dargestellt; vgl. HH', FF' und $F_1 F_1'$ in Abb. 4.

Durch Anwendung der Brechungsgesetze erhalten wir folgende Grundgesetze für die Brechung des Lichtes durch Linsen:
1. Achsenparallele Strahlen werden so gebrochen, daß sie durch den Brennpunkt, d. h. den Schnittpunkt der optischen Achse mit der Brennebene gehen. Der Brennpunkt ist also umgekehrt definiert als Vereinigungspunkt von achsenparallel auf eine Linse auffallenden

Brechung des Lichtes an Linsen 11

Strahlen; vgl. in Abb. 4, die den Fall einer dünnen, bikonvexen Linse darstellt, den Strahl $G'PB'$. Man kann praktisch die Lage des Brennpunktes einer Linse finden, wenn man ein Bündel Sonnenstrahlen, das aus recht gut parallelem Licht besteht, parallel zur optischen Achse auf die Linse auffallen läßt und diese vor einem weißen Papierschirm so lange vor- und zurückbewegt, bis ein möglichst kleines Bild der Sonne entsteht. Der Papierschirm befindet sich dann im Brennpunkt. Wenn die Linse groß genug ist, bemerken wir, daß das Papier zu verkohlen beginnt und sich mitunter sogar entzündet.

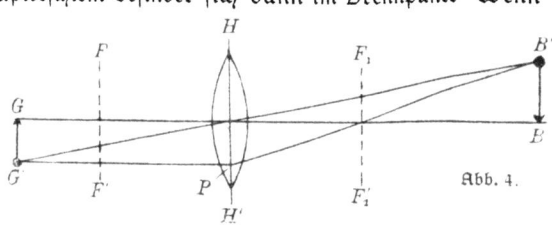

Abb. 4.

Es werden in dem Brennpunkt außer den Lichtstrahlen auch die Wärmestrahlen der Sonne vereinigt. Hieraus erklärt sich der Name Brennpunkt.

2. Zentralstrahlen, d. h. Strahlen, welche nach dem Zentrum hinzielen, gehen ungebrochen hindurch (Abb. 4, Strahl $G'B'$). Mit Hilfe dieser beiden Sätze können wir das Bild eines Gegenstandes, von welchem Licht durch die Linse fällt, Punkt für Punkt konstruieren.

Um die Lage und Größe des Bildes zu bestimmen, welches von der Linse HH' (Abb. 4) entworfen wird, brauchen wir unsere Sätze nur auf den Endpunkt G' des Gegenstandes anzuwenden. Das Bild von G' ist der

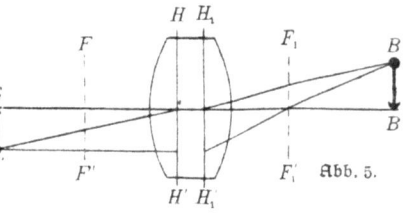

Abb. 5.

Punkt B'. Alle anderen Bildpunkte liegen näher an der optischen Achse als B'. G' liegt unter, B' dagegen über der optischen Achse. Es folgt hieraus, daß das Bild BB' in unserem Falle umgekehrt liegt wie der Gegenstand GG'. BB' ist dabei größer als GG'. Da die Strahlen, welche wir zur Konstruktion des Bildes benutzt haben, sich wirklich schneiden, so läßt sich das entstehende Bild auf einem Schirm auffangen und stellt gewissermaßen einen greifbaren Gegenstand dar. Ein solches Bild wird reell genannt. Bei einer dicken Linse ist die Konstruktion des Bildes im wesentlichen die gleiche. Man hat nur die

Regel zu berücksichtigen, daß die Lichtstrahlen hier im Inneren der Linse so verlaufen, als ob ein nach einem bestimmten Punkt der einen Hauptebene hinzielender Strahl von dem entsprechend gelegenen Punkt der anderen Hauptebene aus weiter verläuft (Abb. 5).

Als Material für die Linsen der Mikroskope dienen neben Glas auch Flußspat, Quarz und Alaun.

5. Linsenfehler.

Eine einfache, z. B. bikonvexe Linse, zeigt hauptsächlich zwei Fehler, welche in der Praxis störend wirken. Dies sind 1. die sphärische Aberration. Sie besteht darin, daß die Strahlen der verschiedenen Linsenzonen sich in verschiedenen, hintereinander liegenden Punkten der optischen Achse schneiden.

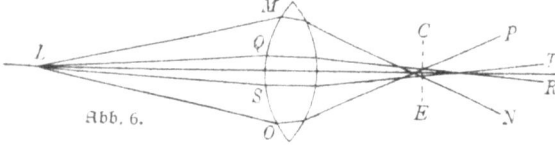

Abb. 6.

Speziell bei einer stark gekrümmten, dicken, bikonvexen Linse werden die durch die Randzone hindurchgehenden Strahlen unverhältnismäßig viel stärker gebrochen wie die nahe der Linsenmitte einfallenden Strahlen. Die Entfernung des Schnittpunktes der Randstrahlen (LMN und LOP in Abb. 6) von der Linsenmitte wird dadurch eine bedeutend kürzere wie die des Schnittpunktes der achsennahen Strahlen (LQR und LST). Wie man an Abb. 6 erkennen kann, ist eine deutliche punktweise Abbildung durch eine solche Linse gar nicht möglich. Die beste Abbildung findet in der Ebene CE statt. An Stelle eines Punktes als Bild des Punktes L erscheint hier ein ziemlich breiter Fleck. Geht man mit einem Schirm, auf dem man das Bild auffängt, von der Ebene CE aus etwas näher an die Linse heran oder etwas weiter von ihr weg, so erscheint in der Mitte ein heller unscharfer Fleck, der von einem Ring von schwächerer Intensität umgeben ist. Die sphärische Aberration verhindert also das Zustandekommen eines scharfen Bildes, da jeder Punkt eines Objektes als verwaschener Fleck von merklicher Ausdehnung abgebildet wird. 2. Die chromatische Aberration. Dieser Fehler äußert sich darin, daß Lichtstrahlen von kürzerer Wellenlänge, z. B. violette Strahlen, stärker gebrochen werden wie solche von größerer Wellenlänge, z. B. rote Strahlen. Ein auf eine einfache, bikonvexe Linse auffallendes Bündel von achsenparallelen

Abbildungsfehler von Linsen

Strahlen weißen Lichtes wird nicht in einem einzigen weißen Brennpunkt vereinigt, sondern in eine Reihe von hintereinander liegenden farbigen Brennpunkten auf der optischen Achse auseinandergezogen. Der Linse am nächsten liegt der Brennpunkt der violetten Strahlen, am fernsten der Brennpunkt der roten Strahlen (Abb. 7). Dazwischen reihen sich die Brennpunkte der anderen Farben des Spektrums von Blau bis Gelb ein. In den verschiedenen Stellungen des auffangenden Schirmes, die vom roten bis zum violetten Brennpunkt möglich sind, erhält man also streng genommen ein Bild, das nur in einer Farbe scharf erscheint, wobei wir annehmen, daß die sphärische Aberration aufgehoben ist. Die Bilder der anderen Farben sind an dieser Stelle nicht nur unscharf, sondern auch größer, wie das Bild in der vollständig scharf eingestellten Farbe, und zwar unter sich verschieden groß. In der

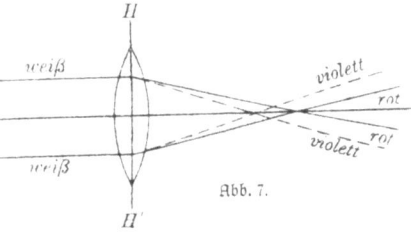

Abb. 7.

Nähe der optischen Achse fallen aber noch alle Farben übereinander und ergeben als Resultat Weiß. Bis zu einer bestimmten Entfernung von der optischen Achse ist das Bild eines weißen Gegenstandes also noch weiß. Darüber hinaus bleibt ein je nach der Stellung des auffangenden Schirmes verschieden gefärbter Saum übrig. Der Saum ist rot gefärbt, wenn das Bild für die violetten Strahlen scharf eingestellt ist; er ist violett gefärbt, wenn das Bild für die roten Strahlen scharf eingestellt ist.

Außer den genannten Fehlern werden für die Mikroskop-Optik die chromatische Differenz der sphärischen Aberration und die chromatische Differenz der Vergrößerung als störend empfunden.

Alle diese Fehler sind beim Bau der optischen Systeme praktisch vollkommen beseitigt. Die sphärische Aberration wird behoben durch passende Wahl der Linsenkrümmungen. Dabei ist für Mikroskopobjektive die sphärische Aberration nicht nur für Punkte der optischen Achse, sondern auch für seitlich gelegene Punkte zu heben. Wie E. Abbe zuerst nachgewiesen hat, ist hierfür die Erfüllung der sog. Sinusbedingung erforderlich. Die Aufhebung der chromatischen Aberration wird möglich durch die Tatsache, daß die Brechungsverhältnisse der Gläser für eine bestimmte mittlere gelbe Farbe nicht in demselben Maße ansteigen, wie die Differenz der Brechungsexponenten für rotes und violettes Licht. Man nennt diese Differenz (genauer für die ganz bestimmten Wellenlängen der roten C- und blauen F-Linie des Sonnenspektrums genommen) die Dispersion des Glases. So gibt es Flintgläser, deren Dispersion mehr als doppelt so groß ist wie die eines Kron= glases, während die mittleren Brechungsex= ponenten noch nicht im Verhältnis 10 : 11

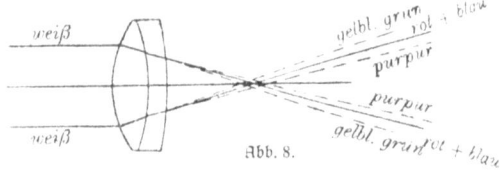
Abb. 8.

stehen. Schleift man aus dem Kronglase eine sammelnde Bikonver= linse und aus dem Flintglase eine zerstreuende konkavkonvexe Linse von gleicher Farbenzerstreuung, so muß die positive Brennweite der Kronglaslinse bedeutend kürzer sein wie die negative der Flintglas= linse. Setzt man beide hintereinander, so hebt die negative Flintlinse einen Teil der Brechkraft der positiven Kronlinse durch entgegenge= setzte Ablenkung wieder auf. Die gesamte Brennweite der Kombi= nation wird also länger wie die Brennweite der Kronglaslinse. Da die Farbenzerstreuung mit entgegengesetzter Brechung ebenfalls ent= gegengesetzt verläuft, heben sich die Farbenabweichungen beider Linsen gegenseitig auf. Wir nennen eine solche in Abb. 8 dargestellte Linse achromatische Linse.

Eine achromatische Linse wäre ohne weiteres für alle Spektralfarben achromatisch, wenn bei Aufhebung der Farbabweichung für zwei Stellen im Spektrum, z. B. Rot und Violett, eine solche auch für alle dazwischen liegenden Spektralfarben genau einträte. Da aber die Änderung der Brechungsexponenten für die verschiedenen Spektralfarben bei zwei Substanzen im allgemeinen sehr verschiedenartig zu sein pflegt, so wer= den von einer achromatischen Linse nur zwei Farben, z. B. Rot und Violett, genau in einem Punkt vereinigt. Strahlen anderer Farben schneiden die optische Achse an anderen Stellen. Vgl. Abb. 8. Es bleibt also auch hier ein geringer Farbensaum bestehen, der aber bedeutend milder und blasser ist wie bei den nicht achromatischen Linsen. Wir nennen diesen Farbenrest der achromatischen Linsen das sekundäre Spektrum. Es besteht meist aus blaß gelblichgrünen und blassen purpur oder rosa Farbtönen.

II. Das einfache Mikroskop oder die Lupe.
1. Strahlengang und Vergrößerung.

Unter einem einfachen Mikroskop versteht man ein optisches System von kürzerer Brennweite als die deutliche Sehweite, das aus einer oder mehreren Linsen besteht. Der Abstand der Linsen ist hierbei immer kleiner wie die Brennweite der Einzellinsen. Heute pflegen wir unter Mikroskop das später zu beschreibende zusammengesetzte Mikroskop zu verstehen. Das einfache Mikroskop ist in seinen stärker vergrößernden Arten, deren Vergrößerungen über 50 gehen, gänzlich durch das zusammengesetzte Mikroskop verdrängt worden. Die noch heute in Anwendung befindlichen einfachen Mikroskope mit schwächerer Vergrößerung bezeichnet man meist als Lupen oder Präpariersysteme.

Eine Lupe wird in ihrer einfachsten Form durch eine plan- oder bikonvexe Linse dargestellt. Wie die Vergrößerung des Sehwinkels, unter dem ein Objekt gesehen wird, durch eine Lupe zustande kommt, wollen wir an dem Beispiel einer dünnen Bikonverlinse sehen. In Abb. 9 sei HH' die Hauptebene der dünnen Linse, F und F' die zugehörigen Brennpunkte. Die Augenpupille liege in dem einen Brennpunkt F, der Gegenstand zwischen dem anderen Brennpunkt F' und der Linse, also innerhalb der Brennweite. Um das Bild des Gegenstandes GG' zu finden, ziehen wir wie früher von G aus einen zur optischen Achse parallelen Strahl GP. Dieser wird durch die Linse so gebrochen, daß er durch den Brennpunkt F geht. Der von G ausgehende Zentralstrahl GO geht ungebrochen weiter. Wie man sieht, laufen die beiden Strahlen

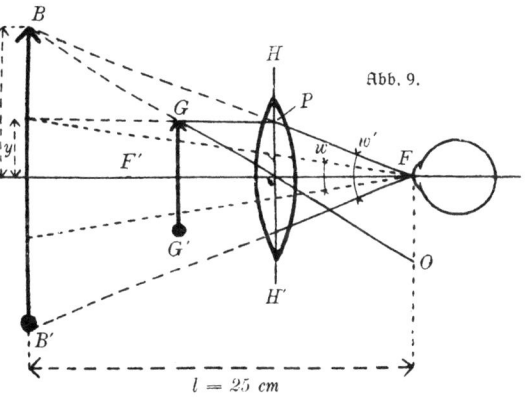

Abb. 9.

II. Das einfache Mikroskop oder die Lupe

GO und PF auseinander. Sie schneiden sich also nicht wirklich, sondern nur in ihren gestrichelten Rückverlängerungen über P und G hinaus im Punkte B. Dieser Punkt ist das Bild des Objektpunktes G. In gleicher Weise kann man alle den Punkten des Objektes entsprechenden Bildpunkte konstruieren und erhält so das **virtuelle Bild** BB'. Virtuell oder möglich wird das Bild genannt, weil es im Gegensatz zu dem reellen Bild (Abb. 4 u. 5) nicht auf einem Schirm aufgefangen werden kann. Die scheinbar von ihm ausgehenden Strahlen müssen erst durch weitere Brechung in der Linse des Auges konvergent gemacht werden, damit auf der Netzhaut ein reelles Bild entsteht.

Jeder Beobachter stellt die Lupe so ein, daß das virtuelle Bild in die deutliche Sehweite zurückverlegt wird. Siehe l in Abb. 9. In dieser Entfernung wird der Gegenstand mit bloßem Auge unter dem Winkel w, das Bild durch die Lupe unter dem größeren Winkel w' gesehen. Die Vergrößerung ist also $\dfrac{2y'}{2y} = \dfrac{y'}{y}$ (Abb. 9).

Da $\qquad \dfrac{y'}{l} = \operatorname{tg}\dfrac{w'}{2} \quad$ und $\quad \dfrac{y}{l} = \operatorname{tg}\dfrac{w}{2},$

so folgt $\qquad \dfrac{y'}{y} = \dfrac{\operatorname{tg}\dfrac{w'}{2}}{\operatorname{tg}\dfrac{w}{2}}$

Es ist ferner $\quad \operatorname{tg}\dfrac{w'}{2} = \dfrac{y'}{f} \quad$ und $\quad \operatorname{tg}\dfrac{w}{2} = \dfrac{y}{l}.$

Folglich ist $\qquad \dfrac{y'}{y} = \dfrac{\operatorname{tg}\dfrac{w'}{2}}{\operatorname{tg}\dfrac{w}{2}} = \dfrac{l}{f}.$

Die Vergrößerung einer Lupe ist also gleich der normalen deutlichen Sehweite dividiert durch ihre Brennweite.

2. Ausführungsformen der Lupen und ihre praktischen Anwendungen.

Einfache, nicht achromatische Linsen, sogenannte Brillengläser sind als Lupen brauchbar bis herunter zur Brennweite von 30 mm entsprechend einer etwa achtfachen Vergrößerung. Man wählt hierzu am besten plankonvexe Linsen, deren plane Seite dem Auge zugekehrt

Vergrößerung der Lupe. Lupenformen

wird, um ein möglichst großes, von sphärischer Aberration nahezu freies Gesichtsfeld zu erhalten. Bei umgekehrter Stellung der Lupe wird das Bild in der Mitte des Gesichtsfeldes zwar ein wenig schärfer, nimmt aber nach dem Rande des Gesichtsfeldes hin bedeutend schneller an Schärfe ab, so daß das brauchbare Gesichtsfeld erheblich kleiner wird.

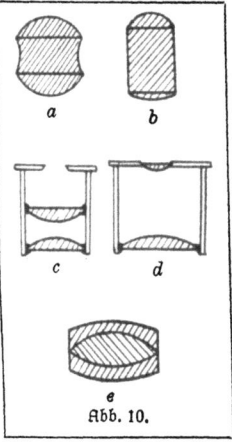

Abb. 10.

Für stärkere Vergrößerung als achtmal kommen nur Lupen in Frage, die entweder aus einer sehr dicken Linse bestehen oder aus mehreren Einzellinsen zusammengesetzt sind. Lupen nach dem ersten Typus sind von Brewster und Stanhope vorgeschlagen worden (Abb. 10 a u. b). Bessere Bilder und größere Gesichtsfelder als diese geben die Lupen nach Fraunhofer und nach Wilson, die aus zwei plankonvexen Linsen bestehen, welche ihre konvexen Seiten einander zukehren (Abb. 10 c und d). Die schärfsten Bilder bei sehr großen, gut ebenen Gesichtsfeldern geben die sogenannten aplanatischen Lupen nach Steinheil. Diese bestehen aus einer dreifach verkitteten Linse, einer bikonvexen Kronglaslinse, umgeben von zwei Flintglasmenisken (Abb. 10 e).

Wo es nur darauf ankommt, Gegenstände zur Feststellung von Einzelheiten zu betrachten, können die Lupen in einer entsprechenden Fassung, die mit Rändel oder mit Stiel versehen ist, bis zu zehnfacher, eventuell bis zu 25facher Vergrößerung noch mit freier Hand gehalten werden. Dies ist bei stärkeren Vergrößerungen nicht mehr angängig, weil man die Hand nicht mehr genügend ruhig zu halten vermag. Aber auch bei schwächeren Vergrößerungen muß die Lupe in einem besonderen Halter befestigt werden, sobald man an den zu untersuchenden Gegenständen irgendwie hantieren will, da man dann beide Hände zur Handhabung der Präparationsinstrumente, wie Nadel, Pinzette, Pinsel und dgl., frei haben muß. Man kann die Lupe mit ihrem Halter entweder wie eine Brille unmittelbar an dem Kopf befestigen oder in ein festes Stativ, ein sog. Lupen- oder Präparierstativ einbauen.

Eine Lupe der ersten Art ist die binokulare Lupe von C. Zeiß, welche mittels Stirnstütze und Gummiband fest an den Kopf des Beobachters angeschnallt wird. Durch Anbringung zweier Lupen in Verbindung mit geeigneten Prismen ist es hier möglich gemacht, genau wie beim Sehen mit bloßem Auge oder Brille beide Augen zu benutzen. Damit die binokulare Lupe genügend großen Abstand vom Objekt behält, wird bei ihr die Vergrößerung gewöhnlich nicht über drei hinaus gesteigert.

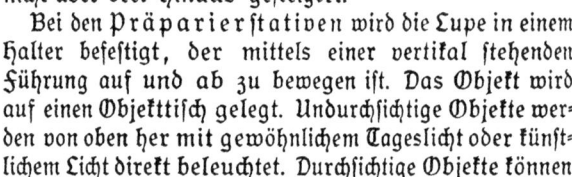
Abb. 11.

Bei den Präparierstativen wird die Lupe in einem Halter befestigt, der mittels einer vertikal stehenden Führung auf und ab zu bewegen ist. Das Objekt wird auf einen Objekttisch gelegt. Undurchsichtige Objekte werden von oben her mit gewöhnlichem Tageslicht oder künstlichem Licht direkt beleuchtet. Durchsichtige Objekte können von unten her durch eine runde Öffnung des Objekttisches unter Benutzung eines am Fuß des Statives befindlichen Beleuchtungsspiegels beleuchtet werden.

Zum Gebrauch an den Präparierstativen sind auch besonders starke Lupen im Handel, die bis zu 50 fache Vergrößerung ergeben. Diese Lupen sind nach Art der Brückeschen Lupe konstruiert und bestehen aus einer negativen Einzellinse, welche dem Auge zugekehrt, und einem positiven Linsensystem, das dem Objekt zugekehrt ist (Abb. 11). Man benutzt diese Lupen gern zu einfachen botanischen und zoologischen Untersuchungen, speziell zur Sichtung des Materials bei Untersuchung von Algen, Protozoen, kleinen Insekten und dgl.

III. Das zusammengesetzte Mikroskop.

1. Grundbestandteile eines zusammengesetzten Mikroskopes.

Bevor wir in die Theorie des Mikroskopes eindringen, wollen wir uns einmal ein modernes zusammengesetztes Mikroskop in einfacher Ausführung ansehen, um rein anschaulich einige seiner Hauptbestandteile kennen zu lernen. Wir wählen hierzu das Kurs- und Laboratoriumsstativ, welches in Abb. 36 im Schnitt dargestellt ist. Als Träger der optischen Grundbestandteile des Mikroskopes erblicken wir eine Messingröhre R, welche Mikroskoptubus genannt wird. Das am unteren Ende dieser Röhre angeschraubte, aus mehreren achromatischen Linsen zusammengesetzte optische System ABC heißt Objektiv. Es

Präparierstative. Strahlengang des zusammengesetzten Mikroskopes

ist bei der Beobachtung dem auf dem Objekttisch Ot liegenden Objekt zugewandt. In das obere Ende des Tubus ist eine leicht hineinpassende kürzere Röhre eingesteckt, welche an jedem Ende eine Fassung mit einer plankonvexen Linse trägt. Dieses aus zwei einfachen Linsen bestehende optische System heißt **Okular**, weil seine obere Linse beim Beobachten dem Auge (oculus) zugekehrt ist. Die Beleuchtung der durchsichtigen Untersuchungsobjekte geschieht mit Hilfe des von dem **Beleuchtungsspiegel** Sp durch die Öffnung des Objekttisches hindurch reflektierten Lichtes. Man muß dem Objekt, um es scharf zu sehen, den Mikroskoptubus so weit nähern, bis es in der Einstellebene des Objektives liegt. Es wird dann durch Okular und Objektiv zusammen deutlich gesehen.

Zu einer eingehenden Behandlung der vorigen und weiterer Einzelheiten können die in der Theorie des Mikroskopes zu entwickelnden Begriffe nicht entbehrt werden. Wir wollen deshalb eine genauere Betrachtung des zusammengesetzten Mikroskopes erst vornehmen, nachdem wir uns seine Theorie klar gemacht haben.

2. Schematischer Strahlenverlauf und Vergrößerung.

Die Vergrößerung des Objektes wird beim zusammengesetzten Mikroskop erreicht durch zwei um beträchtlich mehr als die Summe ihrer Brennweiten voneinander entfernte Linsensysteme. Jedes dieser Linsensysteme können wir, zur Vereinfachung der Betrachtung, in seiner Wirkung durch eine bikonvexe Linse ersetzen. Das Objekt $GG = y$ (Abb. 12) befindet sich ein wenig außerhalb der unteren Brennebene FF des ersten Linsensystemes, des **Objektives** HH. Das Objektiv entwirft von GG in einer bestimmten Entfernung ein reelles, vergrößertes, umgekehrtes Bild $RR = y'$. Dieses Bild wird durch das zweite Linsensystem $H'H'$, das **Okular**, ähnlich wie durch eine Lupe von dem beobachtenden Auge A nochmals vergrößert gesehen. RR liegt für ein auf Unendlich eingestelltes Auge in der unteren Brennebene $F'F'$ des Okulares. Die Augenpupille selbst wollen wir hierbei in die zugehörige obere Brennebene $F_1'F_1'$ legen. Für den gezeichneten Strahlengang, der mit Hilfe der uns bekannten Sätze von Seite 10 und 11 konstruiert worden ist, erhalten wir die Vergrößerung des Mikroskopes wie folgt.

Da für die genaue Betrachtung mit dem bloßen Auge der Gegenstand $GG = y$ in die deutliche Sehweite l verlegt würde, so wollen

III. Das zusammengesetzte Mikroskop

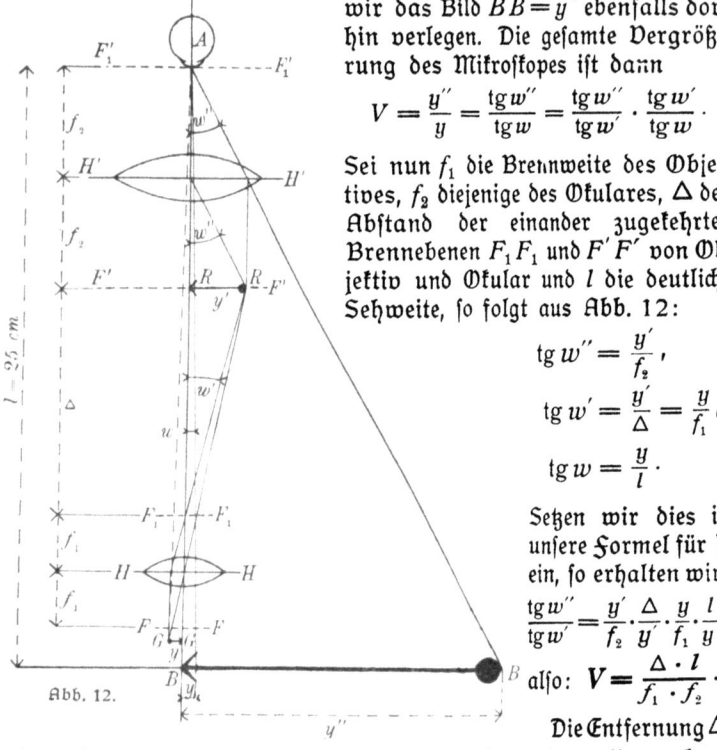

Abb. 12.

wir das Bild $BB = y''$ ebenfalls dorthin verlegen. Die gesamte Vergrößerung des Mikroskopes ist dann

$$V = \frac{y''}{y} = \frac{\operatorname{tg} w''}{\operatorname{tg} w} = \frac{\operatorname{tg} w''}{\operatorname{tg} w'} \cdot \frac{\operatorname{tg} w'}{\operatorname{tg} w}.$$

Sei nun f_1 die Brennweite des Objektives, f_2 diejenige des Okulares, Δ der Abstand der einander zugekehrten Brennebenen $F_1 F_1$ und $F' F'$ von Objektiv und Okular und l die deutliche Sehweite, so folgt aus Abb. 12:

$$\operatorname{tg} w'' = \frac{y'}{f_2},$$

$$\operatorname{tg} w' = \frac{y'}{\Delta} = \frac{y}{f_1},$$

$$\operatorname{tg} w = \frac{y}{l}.$$

Setzen wir dies in unsere Formel für V ein, so erhalten wir:

$$\frac{\operatorname{tg} w''}{\operatorname{tg} w} = \frac{y'}{f_2} \cdot \frac{\Delta}{y'} \cdot \frac{y}{f_1} \cdot \frac{l}{y},$$

also: $V = \dfrac{\Delta \cdot l}{f_1 \cdot f_2}.$

Die Entfernung Δ der oberen Brennebene des Objektives von der unteren Brennebene des Okulares heißt optische Tubuslänge. Die Vergrößerung eines Mikroskopes für ein auf Unendlich eingestelltes Auge, bezogen auf die Größe des Objektes in deutlicher Sehweite, ist also gleich dem Produkt aus deutlicher Sehweite und Tubuslänge dividiert durch das Produkt der Brennweiten von Objektiv und Okular.

3. Öffnungswinkel und numerische Apertur.

Jede Linse kann von den unendlich vielen Strahlen, welche von einem leuchtenden Punkt ausgehen, nur einen Teil von bestimmtem Winkelbereich aufnehmen.

Vergrößerungsformel. Öffnungswinkel und Totalreflexion 21

Nehmen wir an, von einem Objektpunkt in Luft fallen Strahlen auf eine halbkugelige, plankonvexe Linse, wie sie uns in den starken Mikroskopobjektiven als Frontlinse begegnen werden (Abb. 14), so ist der größte Einfallswinkel gegeben durch das Brechungsgesetz. Um dies zu verstehen, wollen wir die Brechung von Lichtstrahlen betrachten, welche aus einem Mittel mit größerer optischer Dichte in ein solches mit geringerer eintreten. Hierbei wollen wir an Verhältnisse anknüpfen, wie sie für die mikroskopische Praxis von Wichtigkeit sind. Die große Mehrzahl der mikroskopischen Präparate ist mit dünnen planparallelen Glasplättchen, sog. Deckgläschen, bedeckt. Das von einem Punkt des Präparates ausgehende Licht geht also, bevor es in das Objektiv eintritt, zunächst durch Glas, nämlich das Deckglas, und dann wieder durch die Luft. In Abb. 13 sei P ein unmittelbar am Deckglas anliegender Präparatpunkt. Von ihm aus möge ein Büschel von Lichtstrahlen auf die obere Fläche des Deckglases, also die Grenze zwischen dem optisch dichteren Glase und der optisch dünneren Luft, fallen. Nach dem Brechungsgesetz kann man für jeden Einfallswinkel der in der Abbildung gezeichneten Strahlen den zugehörigen Brechungswinkel berechnen und danach die gebrochenen, durch die Luftschicht zwischen Deckglas und Objektiv gehenden Strahlen zeichnen. Jeder dieser Strahlen wird im allgemeinen sowohl gebrochen wie reflektiert. Man sagt, die Strahlen werden partiell reflektiert. Vgl. die gestrichelten Strahlen in Abb. 13. Von einem bestimmten Einfallswinkel β im Glase ab gibt es aber keinen zugehörigen gebrochenen Strahl, der in die Luft austreten kann, denn nach der Formel des Brechungsgesetzes auf Seite 9 ergibt sich $\sin \beta = \dfrac{\sin \alpha}{n}$. Für $\alpha = 90°$ wird $\sin \alpha = 1$. Der zugehörige Winkel β berechnet sich also aus der Gleichung $\sin \beta = \dfrac{1}{n}$. Für Glas gegen Luft ist $n = 1,52$ etwa und der Winkel β rund $42°$. Da der zugehörige Brechungswinkel α in Luft $90°$ beträgt, so wird der Strahl nicht aus dem Glase in die Luft hinein gebrochen, sondern verläuft von dem Punkte an, wo er auf die Grenzfläche auftrifft, ge-

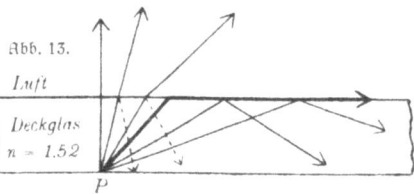

Abb. 13.

III. Das zusammengesetzte Mikroskop

nau in dieser entlang. Vgl. den stark ausgezogenen Strahl in Abb. 13. Alle Strahlen, deren Einfallswinkel β in Glas größer ist als 42°, besitzen keinen zugehörigen, in Luft austretenden gebrochenen Strahl. Sie werden alle vollständig reflektiert. Siehe die ausgezogenen reflektierten Strahlen rechts von dem Grenzstrahl in Abb. 13. Der Winkel β = 42° trennt demnach die partiell reflektierten und gebrochenen von den total reflektierten Strahlen. Er heißt deshalb der **Grenzwinkel der Totalreflexion**.

Wir haben im vorigen erkannt, daß aus einem mit Deckglas geschützten Mikroskoppräparat nur ein ganz bestimmter Strahlenkegel austreten kann, der innerhalb des Winkels der Totalreflexion liegt. Für die mikroskopische Abbildung kommen bei Trockensystemen, d. h. Mikroskopobjektiven, bei denen der Raum zwischen Deckglas und Frontlinse Luft enthält, nur diese Strahlen in Betracht. In Abb. 14 sehen wir, daß die Lichtstrahlen, welche durch die Frontlinse gebrochen werden, an der Kugelfläche ebenfalls von dem dichteren Medium Glas in das optisch dünnere Medium Luft übertreten. Der Einfallswinkel 42°, d. h. der Winkel zwischen Krümmungsradius der Kugel und dem Strahl, bildet auch hier den Grenzwert, bis zu dem Lichtstrahlen im äußersten Falle durch die Linse austreten können. Der Wert $n \cdot \sin β = 1$ ist also für Glas gegen Luft eine charakteristische Konstante, die als Maß für die größtmögliche Winkelöffnung der Strahlenbüschel von besonderer Wichtigkeit ist. Setzen wir den Bre-

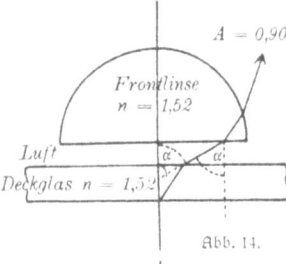

Abb. 14.

chungsexponenten des Glases gleich n_b, so ist nach dem Brechungsgesetz $n_b \cdot \sin β = 1 \cdot \sin α =$ const. Hierbei ist $α$ der Einfallswinkel in Luft, deren Brechungsexponent praktisch gleich 1 ist. Die Gleichung sagt also aus, daß das Produkt aus dem Sinus des Winkels, welchen der Lichtstrahl in einem Mittel mit dem zugehörigen Lot bildet, und einer dem Mittel eigentümlichen Konstanten n_b immer denselben konstanten Wert behält. Dies gilt, wie leicht zu beweisen, für beliebige Mittel. Die allgemeine Formel des Brechungsgesetzes lautet demnach:

$$n_a \cdot \sin α = n_b \cdot \sin β.$$

An Abb. 14 sehen wir, daß der Einfallswinkel $α$ gegen die Planfläche

der Frontlinse gleich dem halben Öffnungswinkel des von einem Objekt=
punkt ausgehenden Grenzstrahles des Strahlenbüschels ist. Wenn also
auf die Grenzfläche zweier Mittel von verschiedenen Brechungs=
exponenten ein Strahlenbüschel vom Öffnungswinkel 2 α fällt, so
ändert sich dieser Winkel von Mittel zu Mittel so, daß das Produkt
aus dem Brechungsexponenten eines jeden Mittels und
dem Sinus des zugehörigen Brechungswinkels unverändert
bleibt. Die Menge der Lichtstrahlen oder mit anderen Worten die
Helligkeit bleibt also konstant. Das Produkt $n_a \cdot$ sin α bezeichnen wir
mit Abbe als numerische Apertur und verstehen demgemäß unter
numerischer Apertur einer Linse oder eines zusammengesetzten optischen
Systems das Produkt aus dem Brechungsexponenten des vor der Front=
linse befindlichen Mittels und dem Sinus des halben Winkels, dessen
Scheitel auf der optischen Achse in dem Ausgangspunkt der Strahlen
liegt und dessen Schenkel die Strahlen von größtmöglicher Neigung
nach dem Rande der Linse bilden. Für in Luft befindliche optische
Systeme oder Trockensysteme kann die numerische Apertur, wie wir
schon gesehen haben, höchstens den Wert 1 erreichen. In der Praxis
bleibt die Grenze bei 0,95. Da unter sonst gleichen Bedingungen die
Helligkeit eines Mikroskopobjektives proportional mit dem Quadrate
der numerischen Apertur wächst, so kann durch Steigerung dieser
Größe die Helligkeit im Bilde gesteigert werden. Das Maximum der
für jedes Mittel erreichbaren Apertur ist gleich $1 \cdot n$, also gleich seinem
Brechungsexponenten; denn der größte Wert, den sin α annehmen
kann, ist gleich 1. Man kann also Mikroskopsysteme von höherer
numerischer Apertur benutzen, wenn man den Raum zwischen Deck=
glas und Frontlinse mit einem Mittel von höherem Brechungsexpo=
nenten ausfüllt. Als solche Mittel dienen außer Wasser Zedernholzöl,
Monobromnaphtalin und andere Flüssigkeiten. Man nennt die be=
treffenden Mikroskopobjektive Immersionen oder Immersions=
objektive und spricht demgemäß von Wasserimmersion, Ölimmer=
sion und Monobromnaphthalin=Immersion. Die Brechungsexponenten
der drei genannten Flüssigkeiten für gelbes Natriumlicht sind:

Wasser $n^D = 1,333$
Zedernholzöl „ $= 1,515$
Monobromnaphthalin „ $= 1,66$.

Da der Brechungsexponent des Zedernholzöles sehr nahe gleich dem
des gewöhnlichen Kronglases ist, aus welchem die Objektträger und

III. Das zusammengesetzte Mikroskop

Deckgläser bestehen, fällt bei der Ölimmersion die Brechung am Deckglase fort. Der Raum von der unteren Seite des Deckglases bis zur Frontlinse bildet demnach eine optisch nahezu homogene Schicht. Aus diesem Grunde heißt die Ölimmersion, bei welcher Zedernholzöl als Immersionsflüssigkeit benutzt wird, auch **homogene Ölimmersion**.

Die in der Praxis erreichten Aperturen pflegen etwas hinter den durch die Exponenten gegebenen Maximalwerten zurückzubleiben. Es gibt

Wasserimmersionen	bis zur Apertur	1,25
Ölimmersionen	„ „ „	1,40
Monobromnaphthalin-Immersionen	„ „ „	1,60.

Den Strahlengang von einem Objektpunkt bis zur Kugelfläche der Frontlinse für ein Trockensystem der numerischen Apertur 0,90 zeigt Abb. 14. Zum Vergleich sind die Strahlengänge für die Aperturen 0,9 in Luft, 1,2 in Wasser, 1,4 in Zedernholzöl und 1,6 in Monobromnaphtalin in Abb. 15 dargestellt. Man erkennt aus dieser Darstellung, daß durch die Benutzung der hoch brechenden Mittel eine bedeutend vermehrte Strahlenmenge zur Abbildung eines jeden Objektpunktes zur Verfügung steht. Außer der Steigerung der Helligkeit bringen die größeren Aperturen noch weitere Vorteile mit sich, die wir in einem der späteren Abschnitte kennen lernen werden.

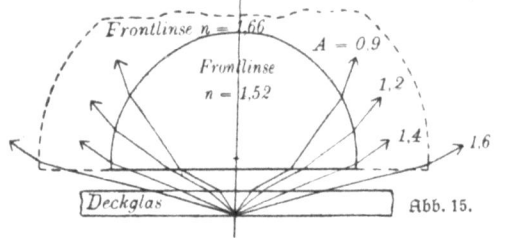

Abb. 15.

4. Die optischen Teile und der Strahlengang im wirklichen Mikroskop.

Die schon kurz erwähnte wirkliche Optik des Mikroskopes besteht statt der in Abb. 12 gezeichneten Bikonverlinsen zunächst aus zwei komplizierter zusammengesetzten Systemen, bei denen durch die Art der Konstruktion die Abbildungsfehler der einfachen Linsen vermieden sind. Es gibt verschiedene Arten von Objektiven und Okularen, die wir später genauer besprechen wollen. Den Strahlengang in einem modernen Mikroskop bei mittelschwachem Objektiv und Okular zeigt Abb. 16.

Immerfionen. Wirklicher Strahlenverlauf im Mikroskop 25

Zur Beleuchtung des Objektes dient das von dem Beleuchtungsspiegel reflektierte zerstreute Tageslicht oder künstliches Licht. Durch den aus zwei oder mehr Linsen bestehenden Kondensor wird das Licht an der Stelle des Untersuchungsobjektes konzentriert und tritt dann nach dem Durchsetzen des Präparates in das Objektiv. Durch das Objektiv und die untere Linse oder Kollektivlinse des Okulares wird das Objekt als reelles umgekehrtes Bild in der Ebene der Okularblende abgebildet. Die Augenlinse dient dem Auge als Lupe zur weiteren Vergrößerung und Betrachtung dieses Bildes. Ohne das Dazwischentreten der Kollektivlinse würde in der Objektiv=Bildebene ein reelles umgekehrtes Bild zustande kommen, wie dies durch die punktierten Verlängerungen der beiden Randstrahlenbüschel angedeutet ist. Das Auge des Beobachters muß der Augenlinse des Okulares soweit genähert werden, bis die Augenpupille sich in der Ebene des Okularkreises befindet. Alle Strahlenbüschel, welche durch den Okularkreis austreten, laufen rückwärts verlängert in Bildpunkten zusammen, die in der Entfernung der deutlichen Sehweite von 25 cm unter der Ebene des Okularkreises liegen.

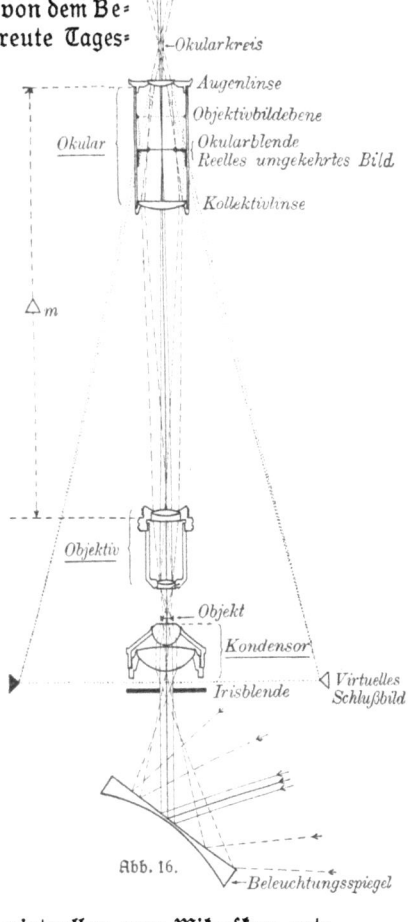

Abb. 16.

Diese Bildpunkte reihen sich zu dem virtuellen, vom Mikroskop entworfenen Schlußbild zusammen. Der Strahlengang in Abb. 16 entspricht den Verhältnissen, wie sie bei Kombination eines Objektives von 25 mm Brennweite mit einem Okular von 42 mm Brennweite vorliegen. Das Objekt wird hierbei rund 40 mal vergrößert.

5. Aberration im Deckglaſe.

Bei der Konſtruktion der Objektive iſt außer auf Beſeitigung der Abbildungsfehler der einfachen Linſen auch auf die Korrektion der durch die ſchon genannten Deckgläſer der Präparate bewirkten Aberration der Lichtſtrahlen Bedacht zu nehmen. Durch ein ſolches Deckgläschen tritt eine Verſchlechterung des mikroſkopiſchen Bildes ein, die ſich um ſo mehr bemerkbar macht, je ſtärker die Vergrößerung wird. Wie Abb. 17 zeigt, entſtehen nämlich in dem Deckglaſe mit dem Brechungsexponenten $n = 1{,}52$ nach dem Brechungsgeſetz aus den von einem Objektpunkt P in Luft ausgehenden Strahlen die gezeichneten gebrochenen Strahlen. Verlängert man dieſe Strahlen nach rückwärts, in Abb. 17 geſtrichelt, ſo zeigt ſich, daß ſie ſich nicht mehr in einem Punkte ſchneiden. Der Objektpunkt erſcheint daher, durch das Deckglas geſehen, nur als unſcharf begrenzter Fleck. Wie man durch Vergleich der linken und rechten Hälfte von Abb. 17 erkennt, iſt dieſer Fleck um ſo unſchärfer begrenzt, je dicker die Glasſchicht iſt. Vergleichen wir die durch das Deckglas herbeigeführte Aberration der Lichtſtrahlen mit der auf S. 12 behandelten ſphäriſchen Aberration, ſo ſehen wir, daß beide von ganz ähnlichem Charakter ſind. Man kann auch die Aberration durch das Deckglas nach denſelben Grundſätzen an den Objektiven korrigieren wie die ſphäriſche Aberration. Um die Verſchlechterung des Mikroſkopbildes durch das Deckglas aufzuheben, iſt jedes Objektiv ſo korrigiert, daß es die Aberration des Lichtes, welche durch eine ganz beſtimmte Deckglasdicke hervorgerufen wird, genau kompenſiert. Für Deckgläſer von abweichender Dicke tritt eine merkliche Verſchlechterung des Bildes ein, die beſonders bei ſtarken Vergrößerungen ſtörend wirkt. Eine Änderung der Deckglasdicke um mehr als $1/100$ mm kann bei ſtarken Trockenſyſtemen ſchon eine merkliche Verſchlechterung des Bildes verurſachen. Von Anfängern im Mikroſkopieren wird dies häufig nicht genügend beachtet. Sie halten für einen Fehler des Objektives, was in Wirklichkeit nur der Verwendung eines Deckglaſes von unrichtiger Dicke zuzuſchreiben iſt.

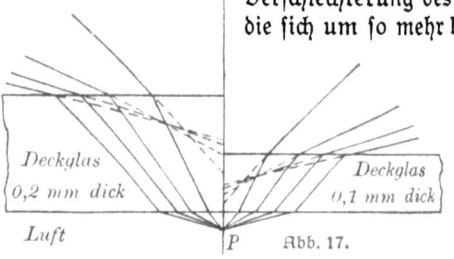

Abb. 17.

Bei schwächeren Mikroskopobjektiven bis zur Brennweite von 8 mm etwa bleibt die Aberration im Deckglase praktisch unmerklich. Sehr gering ist diese Aberration im Deckglase auch bei Anwendung von Ölimmersionen, da hier der Raum zwischen Deckglas und Objektivfrontlinse mit Zedernholzöl, einem Mittel von sehr nahe der gleichen Brechung wie Glas ausgefüllt ist, so daß die aus dem Deckglas austretenden Strahlen so gut wie gar nicht gebrochen werden. Es fällt also der Grund zur Entstehung einer Aberration fort. In der Tat sind die Ölimmersionen in ziemlich weiten Grenzen gegen die Deckglasdicke unempfindlich. Nicht in gleichem Maße gilt dies von den Wasserimmersionen. Die starken Trockensysteme der besseren Mikroskopfirmen tragen entweder an der Blende oder außen an der Fassung die richtige Deckglasdicke eingraviert, für welche sie am günstigsten korrigiert sind. Starke Trockensysteme können auch mit einer Einrichtung versehen werden, durch welche ihre optische Korrektion sich verschiedenen Deckglasdicken anpassen läßt.

6. Die Strahlenbegrenzung im Mikroskop.

Von besonderer Bedeutung für die Erzielung eines einwandfreien, von schädlichen Reflexen und anderem Nebenlicht freien Strahlenganges im Mikroskop ist die geometrische Begrenzung der Strahlenbüschel durch Blenden. In der Ebene des reellen Bildes befindet sich eine meist kreisförmige Blende, die das Gesichtsfeld scharf begrenzt (s. Okularblende in Abb. 16) und Okularblende genannt wird. Durch die Kollektivlinse des Okulares und das Objektiv wird die Okularblende verkleinert nach rückwärts in der Ebene des Objektes abgebildet. Siehe OC und GG' Abb. 18. Da durch die Okularblende nur solche Strahlen gelangen können, welche durch das Bild dieser Blende in der Objektebene hindurchgegangen sind, so wirkt dieses Bild wie eine in dieser Ebene liegende körperliche Blende, die deshalb auch Gesichtsfeldblende heißt.

Die Begrenzung der Strahlenbüschel, welche für die numerische Apertur des Objektives und demnach für die Helligkeit des mikroskopischen Bildes maßgebend sind, wird nicht durch die Gesichtsfeldblende bewirkt. Es sei angenommen, daß zur Beleuchtung des Objektes (Abb. 18) Strahlenbüschel zur Verfügung stehen, welche die Öffnung des Objektives ganz ausfüllen. Die Begrenzung dieser Büschel tritt dann ein durch eine körperliche Blende, welche innerhalb des Objektives durch

III. Das zusammengesetzte Mikroskop

den Fassungsrand einer Linse, bei den starken Systemen meist der Frontlinse, gebildet wird. In Abb. 18, welche den Strahlengang im Mikroskop der Deutlichkeit halber in der Breite stark auseinandergezogen darstellt, ist die körperliche Blende BL zwischen den beiden das Objektiv darstellenden plankonvexen Linsen angebracht. Jedes von einem Punkt des Objekts GG' ausgehende Strahlenbüschel wird nach der Brechung in dem unteren Objektivteil durch die Öffnung der körperlichen Blende BL begrenzt. Verlängert man die durch diese Begrenzung gegebenen Randstrahlen eines jeden Büschels in den Richtungen, welche sie vor dem Eintritt in das Objektiv besitzen (in Abb. 18 gestrichelt), so schneiden sich diese in einer Ebene EP hinter dem Objektiv. Hier in EP wird also die Blende BL durch den unteren Objektivteil virtuell abgebildet, da jedem Schnittpunkt der Randstrahlen in der Ebene BL ein Schnittpunkt der (gestrichelten) Verlängerungen in der Ebene EP entspricht. Alle durch die körperliche Objektivblende BL zugelassenen Strahlen kommen also scheinbar von ihrem virtuellen Bild EP her.

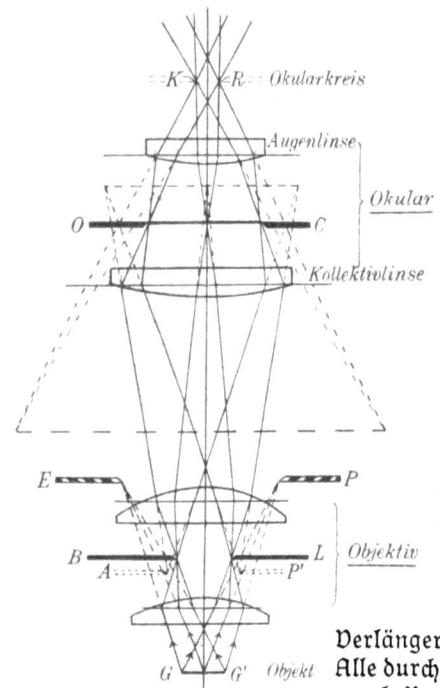

Abb. 18.

Dies virtuelle Bild wirkt mit anderen Worten als strahlenbegrenzende Eintrittsöffnung und wird deshalb Eintrittspupille des Objektives und damit des ganzen Mikroskopes genannt. Verlängern wir die aus dem Objektiv austretenden Strahlen nach rückwärts, so finden wir, daß diese sich in der Ebene AP' desjenigen Bildes schneiden, in welcher die Eintrittspupille EP durch den hinteren Teil des Objektives abgebildet wird. Alle Strahlen, welche aus dem Objektiv austreten können, verhalten sich so, als ob sie von dem Bild AP' herkämen. Dieses Bild begrenzt demnach die das Objektiv verlassenden Strahlenbüschel und heißt deshalb Austrittspupille des Objektives. Die aus dem Objektiv tretenden Strahlen werden vom Okular so gebrochen, daß sie alle durch den kleinen Kreis KR hindurchgehen, der nicht weit von der hinteren Brennebene des Okulares liegt. Dieser sog. Okularkreis oder Augenkreis fällt zusammen mit dem Bild, welches durch das Okular von der Austrittspupille AP' des Objektives entworfen wird. Durch Objektiv und Okular zusammen wird also die Eintrittspupille des ganzen Mikroskopes zuletzt in dem Okularkreis abgebildet. **Alle durch die Eintrittspupille des Mikroskopes eintretenden Strahlen müssen bei ihrem Austritt aus dem Mikroskop durch den Okularkreis hindurch.** Dieser begrenzt also die austretenden Strahlenbüschel und wirkt als Austrittspupille des ganzen Mikroskopes.

Die Pupille des beobachtenden Auges muß mit der Austrittspupille des Mikroskopes zusammenfallen, wenn möglichst viele Strahlen in das Auge eintreten sollen, d. h. wenn das Bild möglichst hell sein soll. Ist die Austrittspupille KR dabei kleiner als die Augenpupille, so können alle durch erstere austretenden Strahlen auf die Netzhaut des Auges gelangen. Die Begrenzung des Gesichtsfeldes wird dann durch den scharfen Rand der Okularblende gebildet. Ist die Austrittspupille aber größer als die Augenpupille, so wirkt die letztere als Begrenzung auf den austretenden Strahlenkegel ein, und das Bild im Mikroskop erscheint unscharf begrenzt, da die Augenpupille durch Okular und Objektiv rückwärts nicht in der Objektebene, sondern in der Ebene der Eintrittspupille des Mikroskopes scharf abgebildet wird. Beim Mikroskop ist die Austrittspupille als verkleinertes Bild der an sich schon kleinen Eintrittspupille immer kleiner wie die Augenpupille. Damit man die Augenpupille bequem an den Ort der Austrittspupille bringen kann, muß der Augenkreis genügend hoch über dem Okular liegen.

7. Die Objektbeleuchtung durch Spiegel und Kondensor.

Die Apertur der das mikroskopische Objekt beleuchtenden Strahlen soll im allgemeinen nicht größer sein, wie die Apertur des zur Beobachtung dienenden Objektives; denn alle Strahlen von überflüssig großen Aperturen verursachen durch seitliche Zerstreuung und Beugung im Präparat eine Überflutung mit Licht, die sich wie ein heller Schleier über das Gesichtsfeld legt. Für schwächere Objektive genügt zur Beleuchtung einfach der Beleuchtungsspiegel des Mikroskopes. Man benutzt hierbei statt des Planspiegels einen Hohlspiegel. Deshalb ist jeder Beleuchtungsspiegel für Mikroskope so eingerichtet, daß auf der einen Seite ein Planspiegel, auf der anderen ein Konkavspiegel angebracht ist, welche durch Umwenden der Spiegelfassung abwechselnd benutzt werden können. Vgl. die Beleuchtungsspiegel in Abb. 16 u. 36. Die Brennweite des Hohlspiegels ist gleich seinem Abstand vom Objekt. Es werden also parallel auffallende Strahlen gerade in der Objektebene konzentriert. Die Apertur des Hohlspiegels ist natürlich größer wie die des Planspiegels. Für die mittleren und starken Objektive ist zur Erzielung einer ausreichenden Beleuchtung in vielen Fällen ein Kondensor erforderlich. Um die Apertur der durch den Kondensor auf das Objekt konzentrierten Strahlen für jedes Präparat und jedes Objektiv in günstigster Weise einzuregulieren, ist in der unteren Brennebene des Kondensors eine in ihrer Öffnungsweite veränderliche Blende aus Metallamellen, eine sog. Irisblende angebracht (siehe Irisblende in Abb. 16). Die Konstruktion einer solchen Blende ist genau die gleiche, wie sie in photographischen Objektiven zur Abblendung der Objektivöffnung dient. Durch fortgesetztes Verengern dieser Blende kann man, von den Randstrahlen beginnend, nach und nach immer mehr Strahlen des von dem Planspiegel kommenden Lichtes abblenden und hierdurch die Apertur der austretenden Strahlen entsprechend verkleinern. Siehe Abb. 34, die auf S. 50 erklärt ist. Die Wirkung dieser Irisblende kann zum Teil ersetzt werden durch Herunterbewegen des ganzen Kondensors.

Um bei Benutzung des Hohlspiegels ohne Kondensor eine Überstrahlung im Objekt zu verhindern, sind bei billigen Mikroskopen feste, runde Diaphragmen, sog. Zylinderblenden, die mit verschieden großen Öffnungen versehen und gegeneinander auswechselbar sind, dicht unter dem Objektträger anzubringen. Eine solche Blende sehen wir bei *Bl* in Abb. 36. Die enge Öffnung sitzt unmittelbar unter dem Objekt. Die Größe dieser Blendenöffnungen ist so abgestuft, daß für die dem Mikroskop beigegebenen Objektive nicht viel mehr wie der ins Gesichtsfeld gehende Teil des Präparates mit Licht erfüllt ist. Auf diese Weise wird ebenfalls eine durch seitliche Zerstreuung des Lichtes hervorgerufene Überstrahlung des Gesichtsfeldes verhindert. An Stelle der Zylinderblenden mit auswechselbaren Einsätzen werden mitunter auch

Beleuchtung durchsichtiger Präparate. Lichtquellen 31

Revolverblenden benutzt. Hierbei sind die verschieden großen Öffnungen so auf einer drehbaren Metallscheibe angebracht, daß sie durch Drehen derselben nacheinander in den Strahlengang gebracht werden können.

8. Die Abbildung selbstleuchtender Objekte durch optische Linsensysteme.

Die meisten mikroskopischen Objekte bestehen aus dünnen, mehr oder weniger durchsichtigen Schichten, welche zwischen Objektträger einerseits und Deckglas andrerseits eingeschlossen sind. Diese Objekte senden selbst kein Licht aus. Sie werden vielmehr mit durchfallendem Licht beleuchtet. Die Abbildung solcher durchleuchteten Objekte mit feinen Struktureinzelheiten ist nun physikalisch grundverschieden von der Abbildung selbstleuchtender Objekte. Um diesen Unterschied einzusehen, wollen wir zunächst die Abbildung eines selbstleuchtenden Punktes vom physikalisch-optischen Standpunkt aus betrachten. Wir müssen zu diesem Zwecke auf einige Grundtatsachen der physikalischen Optik eingehen.

Das Licht besteht aus Schwingungen, die sich in einem äußerst feinen Mittel, dem sog. Lichtäther, wellenförmig fortpflanzen. Beim Schall, der bekanntlich in Schwingungen der Luft besteht, findet die Bewegung der Luftteilchen in Richtung der Fortpflanzung der Schallwellen statt. Man nennt solche Wellen, deren eine durch die obere, in gerader Linie liegende Punktreihe in Abb. 19 dargestellt wird, longitudinale Wellen. Wie aus den Erscheinungen der Polarisation des Lichtes, auf die wir später kurz eingehen müssen, folgt, finden die Schwingungen der Lichtätherteilchen immer senkrecht zur Richtung der Lichtfortpflanzung, also senkrecht zu den Lichtstrahlen statt. Die Lichtwellen bestehen demnach aus transversalen Schwingun-

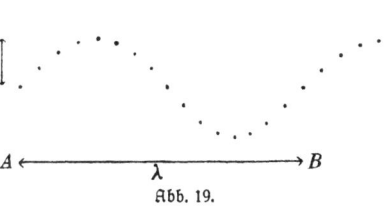

Abb. 19.

gen. Wenn ein Ätherteilchen Schwingungen um seine Ruhelage herum ausführt, so überträgt sich seine Bewegung mit sehr großer Geschwindigkeit auf ein Nachbarteilchen und von diesem weiter auf immer neue Ätherteilchen. Denken wir uns die zu einer bestimmten Zeit vorhandenen

Schwingungszustände einer Reihe von hintereinander liegenden Ätherteilchen festgehalten, so erhalten wir das in Abb. 19 unten wiedergegebene Bild einer allerdings stark vergrößerten Lichtwelle. Man nennt die größte Abweichung eines schwingenden Teilchens aus seiner Ruhelage, also in Abb. 19 die Strecke a, seine Amplitude. Die zu irgendeiner Zeit vorhandene Abweichung heißt allgemeine Phase. Die Entfernung λ zwischen 2 Teilchen von genau gleichem Schwingungszustand, also z. B. die Strecke AB, heißt Wellenlänge. Die Zeit, welche verfließt, bis sich eine Schwingung um eine Wellenlänge fortgepflanzt hat, nennt man Schwingungsdauer t. Die von einer Welle in einer Sekunde zurückgelegte Strecke oder die Fortpflanzungsgeschwindigkeit v ist also der t-te Teil von λ, oder $v = \frac{\lambda}{t}$. Die Lichtwellen sind selbst viel zu klein und die Schwingungen geschehen dabei viel zu rasch, als daß wir sie mit unseren Sinnen irgendwie direkt wahrnehmen könnten. Die Wellennatur des Lichtes folgern wir vielmehr indirekt aus seiner Fähigkeit zu interferieren.

Unter Interferenz verstehen wir die gegenseitige Beeinflussung, welche bei der Durchkreuzung zweier oder mehrerer Wellenzüge stattfindet. Treffen zwei Wellenzüge in einem Punkte zusammen, so ergibt sich der Schwingungszustand des in diesem Punkte befindlichen Teilchens durch einfache geometrische Addition und Subtraktion der Ausschläge, welche das Teilchen unter dem Einfluß jeder Wellenbewegung unabhängig von der anderen machen würde. Maßgebend für das Ergebnis der Interferenz ist der Phasenunterschied, mit welchem die beiden Wellen zusammentreffen. Wir wollen annehmen, daß zwei auf einer geraden Linie mit entgegengesetzter Richtung sich bewegende Wellenzüge von gleicher Amplitude und Wellenlänge in einem Punkt zusammentreffen. Beträgt dann ihr Phasenunterschied gerade eine halbe Wellenlänge, so wird das in diesem Punkte befindliche Teilchen von der einen Welle ebenso stark nach der einen Seite, wie von der anderen Welle nach der anderen Seite bewegt. Die beiden Bewegungen heben sich also auf, und das Teilchen bleibt in Ruhe, und ebenso alle anderen Teilchen, auf welche die Wellen treffen. Vgl. Abb. 20, $\frac{\lambda}{2}$, wo die eine der interferierenden Wellen durch kleine Punkte, die andere durch kleine Kreise dargestellt ist; die resultierende Welle wird durch die dicken Punkte angegeben. Wie man leicht verifizieren kann, findet dasselbe statt,

Interferenz von Wellen 33

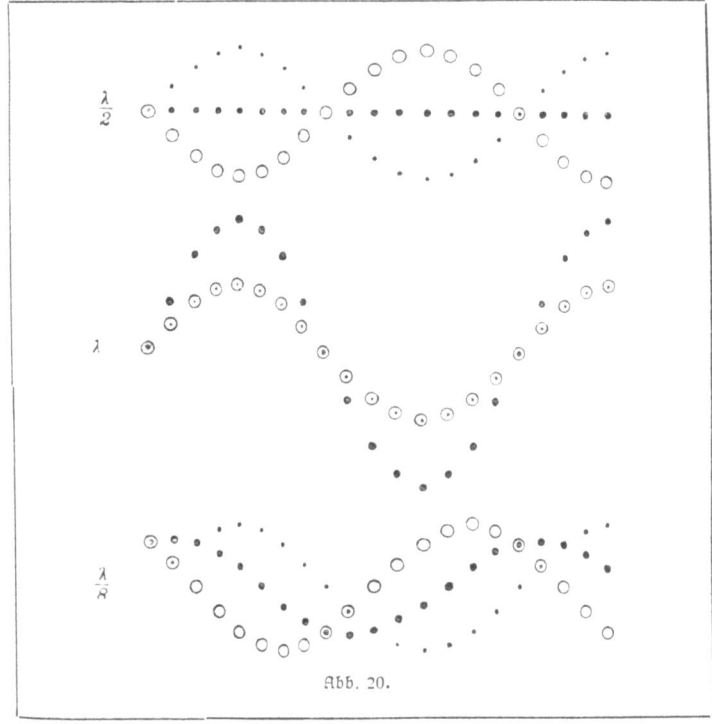

Abb. 20.

wenn der Phasenunterschied $^3/_2$ Wellenlängen, $^5/_2$ Wellenlängen, allgemein ein ungerades Vielfaches einer halben Wellenlänge, d. h. $\frac{2n+1}{2} \lambda$ beträgt. Ist der Phasenunterschied gleich einer ganzen Wellenlänge, so treffen beide Wellen mit gleichem Bewegungssinn zusammen (Abb. 20, λ). Die Wirkung der einen wird dann durch die Wirkung der anderen verstärkt. Als resultierende Welle ergibt sich eine Welle mit doppelter Amplitude, aber gleicher Wellenlänge. Ein Gleiches gilt für Phasenunterschiede von 2, 3, 4, allgemein n Wellenlängen oder $n \cdot \lambda$. Liegt der Phasenunterschied zwischen zwei Werten $n\lambda$ und $\frac{2n+1}{2} \lambda$, so findet entweder eine teilweise Aufhebung oder eine teilweise Verstär=

kung beider Wellen ftatt. Vgl. Abb. 20, $\frac{\lambda}{8}$, welche die Interferenz zweier Wellen mit dem Phaſenunterſchied $\frac{\lambda}{8}$ darſtellt; die dicken Punkte bilden auch hier wieder die reſultierende Welle. Wenn nun bei der Durchkreuzung von Lichtſtrahlen an beſtimmten Stellen in einem op‑ tiſchen Mittel Ruhe der Ätherteilchen, d. h. Dunkelheit eintreten kann, ſo läßt ſich dies nur durch eine Art Wellennatur des Lichtes erklären. Es gibt in der Tat Erſcheinungen in der phyſikaliſchen Optik, wo Zonen oder Streifen vollkommener Dunkelheit mit ſolchen vollkommener Hellig‑ keit miteinander abwechſeln. Wir nennen dieſe Erſcheinungen Inter‑ ferenzerſcheinungen.

Eine der Grunderſcheinungen, bei denen wir die Interferenz des Lichtes beobachten können, iſt die Beugung des Lichtes. Wie wir früher geſehen haben, pflanzen ſich die von einer Lichtquelle ausgehen‑ den Strahlen nach allen Seiten geradlinig fort. Verſucht man nun, einen einzelnen Lichtſtrahl dadurch zu iſolieren, daß man das Licht, z. B. ein Bündel von Sonnenſtrahlen, durch feinere und immer feinere Öffnungen ſchickt, ſo tritt gerade das Gegenteil von dem ein, was man erwarten ſollte. Fängt man nämlich das durch die Öffnung gehende Licht auf einem dahinter aufgeſtellten weißen Schirm auf, ſo entſteht ein heller Fleck, der um ſo unſchärfer und breiter wird, je kleiner wir die Öffnung machen. Um an beſtimmte Verhältniſſe anzuknüpfen, ſchicken wir ein Bündel von Sonnenſtrahlen durch eine $1/2$ mm große, kreisförmige Öffnung und ſtellen in einer Entfernung von 2 m hinter

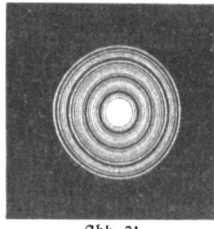

Abb. 21.

der Öffnung unſeren Schirm auf. Betrachten wir den auf dem Schirm entſtehenden Fleck ge‑ nauer, ſo erkennen wir in der Mitte einen hellen Fleck, der von konzentriſchen, abwechſelnd hellen und dunklen Ringen umgeben iſt, welche nach außen zu immer ſchmaler werden, bis ſie ver‑ ſchwinden (Abb. 21). Dieſer Verſuch und der vorige zeigen uns zweierlei: 1. daß das Licht ſich nicht unter allen Umſtänden geradlinig fort‑ pflanzt, ſondern daß es beim Hindurchtreten durch enge Öffnungen zum Teil von ſeiner Richtung abgelenkt wird und 2., daß durch die Wirkung der Lichtſtrahlen Maxima und Minima der Helligkeit auf‑ treten können, daß alſo Interferenzerſcheinungen ſtattfinden. Die beim

Durchgang durch die Öffnung gerade hindurchtretenden Lichtstrahlen bilden auf dem Schirm den zentralen Fleck. Die Ringe werden von den abgebeugten Strahlen erzeugt. In jedem Punkt des ersten dunklen Ringes treffen zwei Strahlen zusammen, deren Wegedifferenz von zwei innerhalb der Öffnung gelegenen Punkten aus eine halbe Wellenlänge beträgt. Die Strahlen kommen also auch mit diesem Phasenunterschied auf dem Schirm in je einem Punkt zusammen und erzeugen durch Interferenz den dunklen Ring. Für die folgenden dunklen Ringe beträgt die Wegdifferenz der zugehörigen abgebeugten Strahlen der Reihe nach $\frac{3}{2}\lambda$, $\frac{5}{2}\lambda$ usw. Die zwischen den dunklen Ringen liegenden hellen Ringe entstehen durch abgebeugte Strahlen, deren Wegedifferenz λ, 2λ usw. ausmacht. Wegen der immer größer werdenden Neigung der gebeugten Strahlen gegen den auffangenden Schirm werden die Ringe sehr schnell schmaler und schmaler, bis sie unsichtbar werden.

Die Erscheinung bleibt dieselbe, wenn das Licht vor dem Zusammentreffen auf einem Schirm durch ein optisches System geht. Als Schirm kann z. B. die Netzhaut unseres Auges dienen. Auf der Netzhaut werden die Strahlen durch Brechung an der Hornhaut und an der Augenlinse zur Vereinigung gebracht.

Um uns subjektiv von der Beugung des Lichtes an einer runden, feinen Öffnung zu überzeugen, stechen wir in ein gut glattgestrichenes Stück Flaschenstanniol ein feines Loch mit einer dünnen Nähnadelspitze. Halten wir das Stanniolstück mit der feinen Öffnung dicht vor ein Auge und blicken dadurch nach der Sonne, so sehen wir diese von konzentrischen dunklen Ringen umgeben. Wir machen den Versuch am besten des Morgens oder des Abends, wenn die Sonne nicht zu hoch am Himmel steht. Bei genauem Zusehen erblicken wir hierbei an den dunklen Ringen noch schmale farbige Säume. Diese entstehen immer bei Interferenzerscheinungen durch Beugung, wenn weißes Licht benutzt wird, sind also auch bei den vorher behandelten Versuchen vorhanden. Wollen wir die Beugungserscheinungen in einfarbigem Licht sehen, so müssen wir die durch das beugende Diaphragma tretenden Strahlen durch ein gefärbtes, etwa rotes oder blaues Glas schicken.

Bei der Abbildung von selbstleuchtenden Objekten durch optische Instrumente, wie z. B. das Mikroskop, liegen ganz ähnliche Verhältnisse vor wie bei dem letzten Versuch. Die Beugung des Lichtes kommt hier zustande an den Fassungsrändern der Linsen und an den in den Tubus eingebauten Blenden. Im Prinzip läßt sich dies zeigen an einer Linse, die vor einer Blende angebracht ist (Abb. 22). Von dem auf der optischen Achse der Linse LL gelegenen Punkt P aus falle ein Strahlenbüschel auf diese Linse. Durch Brechung der Lichtstrahlen an der Linse wird der Punkt rein nach den Gesetzen der geometrischen Optik in dem ebenfalls auf der optischen Achse liegenden Punkt P' abgebildet. Durch Beugung an den Rändern der Blende BD werden die Strahlen des die Linse durchsetzenden Büschels abgelenkt, und es treten neben dem ersten auf der optischen Achse gelegenen Schnittpunkt weitere Schnittpunkte auf, die seitlich von der optischen Achse konzentrisch um diese herum liegen, wie das durch die Schnittpunkte P'' und P''' in der Abbildung angedeutet ist. Ist die Blende kreisförmig, so entstehen durch Interferenz in den Schnittpunkten der seitlich abgebeugten Strahlen wieder wie vorher abwechselnd dunkle und helle Ringe. Das durch ein Linsensystem entworfene Bild eines leuchtenden Punktes ist also ebenfalls ein leuchtender Punkt, der von schmalen, abwechselnd hellen und dunklen Beugungsringen umgeben ist. Interferenzfähig sind nun nur solche Lichtstrahlen, welche von ein und demselben Punkt eines leuchtenden Körpers herrühren, da nur bei solchen Strahlen übereinstimmend orientierte Schwingungen von übereinstimmend vor sich gehendem Phasenwechsel, man sagt kohärente Schwingungen ausgesandt werden. Die von verschiedenen Punkten eines selbstleuchtenden Körpers kommenden Strahlen sind also nicht kohärent und infolgedessen nicht interferenzfähig. Die Bilder benachbarter Punkte von selbstleuchtenden Körpern können sich danach durch Interferenz nicht gegenseitig beeinträchtigen. Hieraus folgt, daß selbstleuchtende Körper durch das Mikroskop sowohl wie durch jedes andere optische Instrument Punkt für Punkt ganz nach den Gesetzen der geometrischen Optik abgebildet werden. Man nennt die Abbildung selbstleuchtender Körper durch optische Systeme primäre Abbildung.

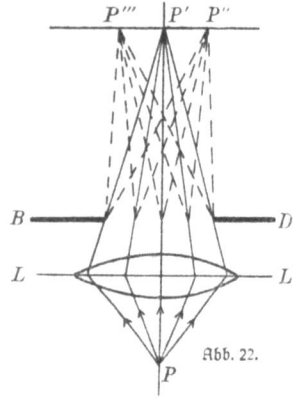

Abb. 22.

9. Die Abbildung nicht felbftleuchtender Objekte oder fekundäre Abbildung.

Die Abbildung eines nicht felbftleuchtenden Objektes durch optische Systeme geschieht durch Lichtstrahlen, welche, von irgendeiner Lichtquelle ausgehend, den Körper treffen. Diese Strahlen werden von dem nicht

Primäre Abbildung. Beugung am Gitter

leuchtenden Körper in verschiedener Weise beeinflußt. Sie werden reflektiert, absorbiert, gebrochen und zerstreut bzw. gebeugt. Für die gewöhnliche mikroskopische Beobachtung von durchleuchteten, feinen Strukturen kommt hauptsächlich die Absorption, die Brechung und die Beugung des Lichtes in Frage. Die Abbildung nicht selbstleuchtender Objekte mittels auffallender oder durchfallender Lichtstrahlen wurde von E. Abbe als **sekundäre Abbildung** bezeichnet. Während nun bei der primären Abbildung die Beugung der abbildenden Strahlen an der Eintrittsöffnung des optischen Systems das Charakteristische des Vorganges darstellt, spielt **bei der sekundären Abbildung in erster Linie die Beugung der beleuchtenden Strahlen an den feinen Struktureinzelheiten des Objektes** selbst eine Rolle. Der Einfluß feiner Struktureinzelheiten auf den Abbildungsvorgang läßt sich in übersichtlicher Weise an einem Gitter studieren. Ein solches Gitter wird z. B. erhalten, wenn man in eine auf einem Glasstreifen niedergeschlagene, undurchsichtige Silberschicht mit einer an dem Reißerwerk einer Teilmaschine befestigten Nadel lauter feine, in gleichen Abständen eng beieinanderliegende parallele Linien einritzt. Es entsteht hierdurch ein Gitter aus abwechselnd durchsichtigen und undurchsichtigen Streifen, wie Abb. 23 in vergrößertem Maßstabe zeigt. Die Zahl der Gitterlinien ist in Wirklichkeit meist erheblich größer als in der Abbildung. Lassen wir auf ein solches Gitter, senkrecht zur Ebene der Gitterlinien, ein Bündel paralleler Sonnenstrahlen fallen, das vorher ein gefärbtes, rotes oder blaues Glas passiert hat, so geht genau wie bei der schon besprochenen Beugung an einer runden Öffnung ein großer Teil des Lichtes in der ursprünglichen Richtung hindurch, der andere Teil der einfallenden Lichtstrahlen hat aber nach dem Durchsetzen des Gitters seine ursprüngliche Richtung geändert und ist in verschieden starkem Maße abgebeugt worden. Den Winkel zwischen den ursprünglichen Strahlen und den Strahlen einer bestimmten Beugungsrichtung nennen wir Beugungswinkel (Abb. 24 ✕ α).

Abb. 23.

Wenn diese abgebeugten Strahlen auf einem weit entfernten Schirm aufgefangen werden, so kommen immer kohärente Strahlen zur Interferenz, und es entstehen seitlich von dem Hauptbild der Lichtquelle, also in unserem Falle der Sonne, abwechselnd helle und dunkle Stellen. Die Lage dieser Stellen ist abhängig von der Entfernung der Gitterstriche voneinander und von der Wellen-

III. Das zusammengesetzte Mikroskop

länge des benutzten Lichtes. Nach den allgemeinen Gesetzen der Wellentheorie wird, wie früher auseinandergesetzt, durch Interferenz von Lichtstrahlen Dunkelheit erzeugt, wenn sie mit einem Phasenunterschied von einer halben, und größte Helligkeit, wenn sie mit einem Phasenunterschied von einer ganzen Wellenlänge zusammentreffen. Unter Berücksichtigung dieser beiden Grundtatsachen ergibt sich mit Hilfe etwas weitergehender physikalischer Kenntnisse, wie wir sie hier anwenden können, der Satz: Durch die Beugung paralleler Lichtstrahlen an einem Gitter entstehen auf einem hinter diesem aufgestellten Schirm Maxima der Helligkeit für jede Richtung der abgebeugten Strahlen, für die der Sinus des Beugungswinkels α gleich einem ganzzahligen Vielfachen der Wellenlänge λ, dividiert durch den Abstand zweier Gitterlinien, der sog. Gitterkonstante a ist. sin α = $\dfrac{m \cdot \lambda}{a}$, wo m eine ganze Zahl bedeutet (Abb. 24, 2).

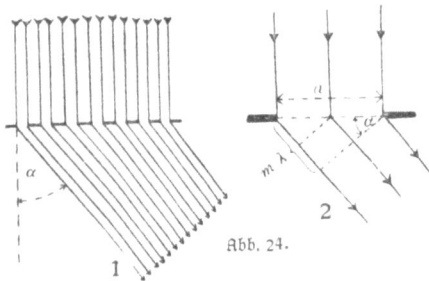

Abb. 24.

Aus dieser Formel geht hervor, daß die Beugung der Strahlen proportional der Wellenlänge stattfindet, für eine große Wellenlänge oder rotes Licht also größer ist als für eine kleine Wellenlänge oder blaues Licht. Bei Beleuchtung des Gitters mit parallelem weißen Licht werden hiernach die verschiedenen, farbigen Bestandteile desselben infolge der verschieden starken Beugung getrennt, und es entsteht ein sog. Gitterspektrum.

Die mikroskopischen Objekte weisen nun neben ähnlich feinen Liniensystemen noch kompliziertere Struktureinzelheiten auf wie ein künstliches Gitter. Das Gitter stellt also den Idealfall eines mikroskopischen Objektes dar, an dem wegen der großen Regelmäßigkeit der Struktur die Erscheinungen der sekundären Abbildung in besonders übersichtlicher Weise hervortreten. Benutzen wir ein solches Gitter als mikroskopisches Objekt, so entstehen von einer weit entfernten, weißen Lichtquelle, mit der wir das Gitter beleuchten, durch Beugung und Interferenz lauter farbige Beugungsbilder. Diese liegen, da sie durch parallel auffallende Lichtstrahlen erzeugt werden, in der hinteren Brennebene des Objektives. Wegen der kurzen Brennweiten der Mikroskopobjektive kann man

Gitterformel. Theorie der sekundären Abbildung nach Abbe

auch jede künstliche Lichtquelle praktisch als weit entfernt betrachten. In Abb. 25 ist das Objektiv durch eine einfache Bikonverlinse dargestellt. Die unter verschiedenen Richtungen einfallenden Parallelstrahlenbündel schneiden sich nach der Beugung am Objekt und nach der Brechung an dem Objektiv in Punkten der hinteren Brennebene des Objektives. In der Abbildung ist dies leicht zu erkennen, wenn man die mit gleichgefiederten Pfeilen versehenen Strahlen verfolgt. Auf jeder Seite der optischen Achse schneidet sich jedes Bündel von Parallelstrahlen in einem bestimmten Punkte der Brennebene und interferiert hierbei in dieser Ebene.

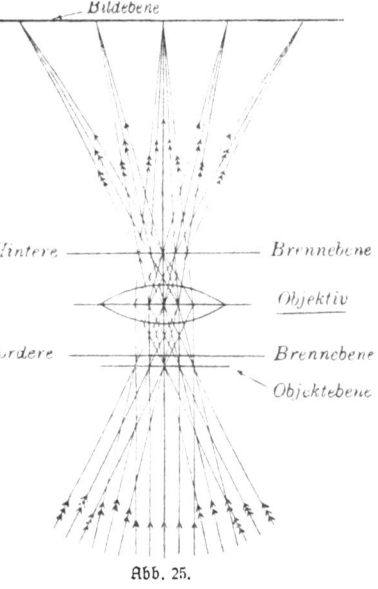

Abb. 25.

Die Abbesche Theorie der sekundären Abbildung besagt nun, daß das mikroskopische Bild aus der Übereinanderlagerung der durch das Objekt in der hinteren Brennebene des Objektives hervorgerufenen Beugungserscheinungen entsteht. Eine punktweise, also vollkommen ähnliche Abbildung findet hierbei immer nur dann statt, wenn alle Beugungsmaxima bis zu verschwindender Intensität zur Bilderzeugung beitragen. Das Bild ist um so ähnlicher, je mehr Maxima an seinem Zustandekommen beteiligt sind. Wenn nur das Hauptmaximum zur Bilderzeugung beiträgt, so ist das Bild dem Objekt nicht mehr ähnlich. Der niedrigste Grad von Ähnlichkeit tritt erst dann ein, wenn außer dem Hauptmaximum wenigstens die ersten beiden Nebenmaxima oder auch nur eins dieser Nebenmaxima an der Bilderzeugung mitwirken. Der Beweis dieser Sätze sei hier auf experimentellem Wege, nach der Methode von Abbe erbracht. Wir benutzen als Objekt das mittlere Gitter der Diffraktionsplatte nach Abbe, wie sie von C. Zeiß-Jena mit den nötigen Zubehörteilen in den Handel gebracht wird.

Dieses Gitter besteht aus hellen, parallelen, geraden Linien, die, wie oben beschrieben, in die Silberschicht geritzt sind. In der einen

III. Das zusammengesetzte Mikroskop

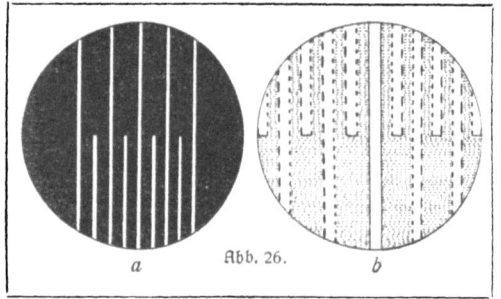

Abb. 26.

Hälfte des Gitters haben die Linien den doppelten Abstand wie in der anderen, nach Art der Darstellung in Abb. 26a, wo die äußeren Dimensionen 32 fach vergrößert, die Zahl der Gitterlinien auf den achten Teil verringert ist. Wir stellen auf dieses Gitter ein Mikroskop mit schwacher Vergrößerung, entsprechend der Kombination von Zeiß aa mit Okular 2, scharf ein, wobei wir zur Beleuchtung recht helles Licht benutzen. Unter dem Kondensor, in dem Blendenträger des sog. Abbeschen Beleuchtungsapparates, den wir später eingehend beschreiben werden, bringen wir einen 0,3—0,4 mm breiten Spalt so an, daß er ungefähr in der optischen Achse liegt.

Den Spalt können wir uns leicht durch Ausschneiden aus einem runden Stück Karton oder starkem Stanniol mittels eines Federmessers herstellen. Wenn man an seinem Mikroskop keinen Kondensor besitzt, kann man die Blende auch in den Zylinder einsetzen, der die auswechselbaren, festen Blenden trägt.

Den Spalt orientieren wir von vorn nach hinten, wenn wir in Beobachtungsstellung hinter dem Mikroskop stehen. Die Gitterstriche müssen in derselben Richtung laufen. Nimmt man nun das Okular aus dem Tubus heraus und sieht in diesen hinein, indem man das Auge etwa 7 cm über das obere Tubusende erhebt, so erblickt man im Grunde des Tubus die Interferenzerscheinung, welche durch die Beugung der von dem Spalt herkommenden Lichtstrahlen an dem Gitter hervorgerufen wird. Außer dem Hauptmaximum, dem direkten weißen Spaltbilde in der Mitte, erscheint rechts und links davon eine große Reihe schmaler, spaltförmiger Beugungsspektren Abb. 26b. Die innere, in der Abbildung kurz gestrichelte Seite dieser Spektren ist violett, die äußere, in der Abbildung lang gestrichelte Seite, rot gefärbt. Der Abstand der Beugungsspektren, die von der Gitterseite mit kleinerem Linienabstand herrühren, ist doppelt so groß wie derjenige auf der Gitterseite mit halb so großem Linienabstand. Um das ganze Beugungsbild zu übersehen, muß man mit dem Auge über dem Tubus

Versuche zur Abbeschen Theorie 41

etwas hin- und her-
wandern.

Zur Bestätigung
der Abbeschen Theo-
rie können wir nun
folgende grund-
legenden Versuche
anstellen:

Versuch 1. Wir
bringen zunächst in
der Ebene der Beu-

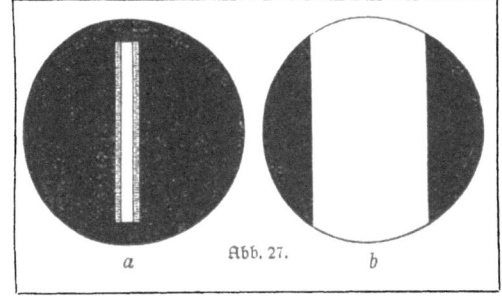

Abb. 27.

gungsspektren eine spaltförmige Blende (Abb. 27 a) an, welche nur das
direkte Bild des Spaltes, also das Hauptmaximum, durchläßt.

Um dies bequem ausführen zu können, befindet sich unter den Zubehörteilen zur Abbeschen Diffraktionsplatte neben den nötigen Spaltblenden ein
Zwischenring mit seitlichem Schlitz, der zwischen Objektiv aa und Tubus
eingeschaltet wird. Durch den Schlitz, der gerade in der Brennebene des
genannten Objektives liegt, lassen sich die zu diesem und den folgenden
Versuchen nötigen Blenden leicht einschieben.

Nach Einlegen unserer Blende erblicken wir im Tubus das Bild der
Abb. 27a. Setzen wir jetzt das Okular wieder ein, so sind die vorher
scharf eingestellten Striche des Gitters verschwunden. An ihrer Stelle
sehen wir nur ein leeres weißes Feld ohne Andeutung einer Struktur,
wie das Abb. 27b zeigt. Wir erkennen also, daß das **Hauptmaximum nicht zu einer ähnlichen Abbildung des Objektes aus-
reicht.**

Versuch 2. Wir entfernen das Okular wieder und setzen jetzt an
Stelle der schmalen Blende vom vorigen Versuch die breitere von
Abb. 28a ein. Die
Breite dieser Blende
ist gerade so groß,
daß von den Beu-
gungsspektren,
welche den größeren
Strichabständen ent-
sprechen, nur die
beiden ersten, dem
Hauptbild benach-
barten, durchgelassen

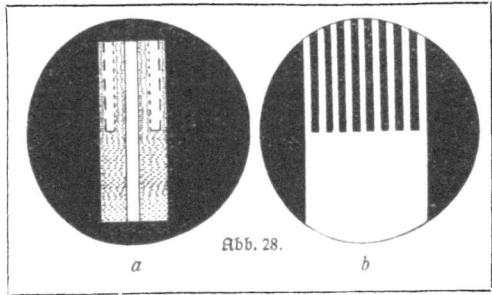

Abb. 28.

42 III. Das zusammengesetzte Mikroskop

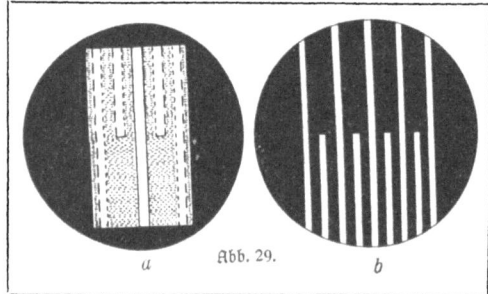

Abb. 29.

werden. Vergleiche Abb. 28a. Nach Wiedereinsetzen des Okulares erscheint im Mikroskop das Bild von Abb. 28b. Wir erkennen in der einen Hälfte die Linien der weiteren Gitterseite; der engeren Gitterseite entspricht aber wiederum nur ein leeres, strukturloses Feld. Die jetzt sichtbaren Linien sind zwar etwas verbreitert gegenüber dem ursprünglichen, nicht abgeblendeten Bild, entsprechen aber sonst ganz der Struktur im Original. Der Versuch zeigt, daß erst durch Hinzutreten der beiden ersten Nebenmaxima zum Hauptmaximum eine Ähnlichkeit zwischen Bild und Objekt auftritt.

Versuch 3. Wechseln wir nun die Blende gegen eine von solcher Breite aus, daß auch noch die beiden ersten Beugungsspektren der engeren Gitterhälfte durchtreten können, so erscheint im Tubus das Bild von Abb. 29a. Oben sehen wir vier, unten zwei Beugungsspektren. Nach Einsetzen des Okulares haben wir jetzt das Bild von Abb. 29b, welches das Gitter schon in seinen richtigen Verhältnissen wiedergibt. Die Linien erscheinen jetzt merklich schmaler wie bei Abb. 28b und das Bild steht an Genauigkeit nicht viel mehr hinter dem ganz ohne Ausblendung von Spektren erhaltenen Bilde zurück. Sehr elegant zeigt die Abhängigkeit der Struktureinzelheiten im Bilde von der Beschaffenheit des Beugungsbildes in der Objektivbrennebene noch der folgende

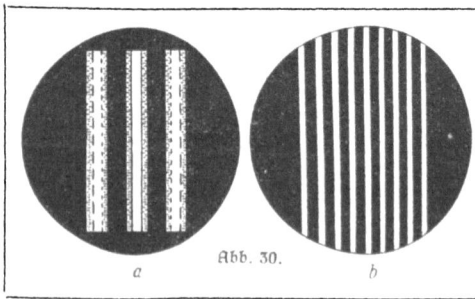

Abb. 30.

Versuch 4. Wir wählen zum Einlegen in die Brennebene eine Blende mit drei nebeneinanderliegenden spaltförmigen Aus-

Versuche zur Abbeschen Theorie

schnitten von solcher Weite und solchen Abständen, daß nur den beiden ersten Beugungsspektren, welche der feineren Gitterstruktur entsprechen, der Durchgang gestattet ist; vgl. Abb. 30 a. Nach Einhängen des Okulares sehen wir das mikroskopische Bild der Abb. 30 b. Hierin sind die Streifen mit großen Abständen verschwunden. Im ganzen Gesichtsfeld erscheint nur die feinere Gitterstruktur, die, der Abbeschen Theorie entsprechend, ihre Entstehung der künstlichen Abänderung des Beugungsbildes verdankt. Die künstlich hervorgerufene Struktur erscheint dabei so vollkommen scharf wie ein richtiges mikroskopisches Bild.

Mit den beiden außer dem zu den vorigen Versuchen benutzten Streifensystemen auf der Abbeschen Diffraktionsplatte noch vorhandenen Gitterstrukturen können ähnliche Versuche angestellt werden, wie wir sie eben besprochen haben. Da wir hierdurch aber nichts wesentlich Neues kennen lernen würden, wollen wir von einer Beschreibung dieser Versuche absehn.

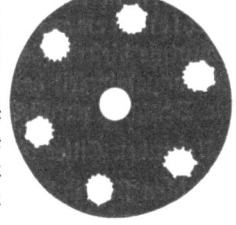

Abb. 31.

Ganz entsprechende Erscheinungen, wie sie bei den Versuchen mit der Diffraktionsplatte stattfinden, finden wir bei allen mikroskopischen Objekten. Nur ist es bei der oft komplizierten Struktur dieser Präparate meist schwierig, die Beugungsbilder in der richtigen Weise zu entziffern. Eine sehr schöne, regelmäßige Beugungserscheinung kann man an einem zur Prüfung von Mikroskopobjektiven viel benutzten Präparat von Pleurosigma angulatum beobachten. Es ist dies eine Diatomee, welche auf ihren aus Kieselsäure bestehenden Schalen drei sehr feine, unter 60^0 zueinander geneigte Streifensysteme aufweist. An Stelle des in den vorigen Versuchen benutzten Spaltes in der Blendenebene des Kondensors wenden wir ein rundes Diaphragma an. Hierzu können wir die Irisblende des Abbeschen Beleuchtungsapparates benutzen, welche wir bis auf einen Durchmesser von wenigen Millimetern einschnüren. Wir stellen auf eine Diatomee mit mittlerer bis starker Vergrößerung ein und erblicken nach Entfernen des Okulares das Beugungsbild, welches Abb. 31 wiedergibt. Die innere, in der Abbildung kurz gestrichelte Seite der Beugungsbilder ist violett, die äußere, lang gestrichelte, rot gefärbt.

10. Die Bedeutung der numerischen Apertur für die Leistungsfähigkeit der Mikroskopobjektive.

Da die von mikroskopischen Objekten erzeugten Beugungsspektren aus abgebeugten Strahlen mit verschieden starker Neigung zustande kommen, muß dafür gesorgt werden, daß das Mikroskopobjektiv auch die Strahlen stärkster Neigung noch aufnimmt, damit eine möglichst große Zahl von Beugungsspektren eintreten kann. Als Maß für die Aufnahmefähigkeit stark geneigter Lichtstrahlen durch ein mikroskopisches Objektiv haben wir die numerische Apertur kennen gelernt. Nach der Abbeschen Theorie der sekundären Abbildung verstehen wir demnach, **daß ein Mikroskopobjektiv um so feinere Strukturen aufzulösen vermag, je größer seine numerische Apertur ist**. Die Kenntnis dieser Beziehung erlaubt uns eine theoretische Grenze für die Leistungsfähigkeit des Mikroskopes aufzustellen. Nach S. 38 gilt für die Beugung paralleler Lichtstrahlen an einem aus parallelen Linien bestehenden Gitter die Formel $\sin \alpha = \frac{m \cdot \lambda}{a}$. Treten die gebeugten Strahlen statt in Luft in ein Mittel von höherem Brechungsindex ein, so haben wir die linke Seite dieser Gleichung noch mit dem Brechungsexponenten n des Mittels zu multiplizieren. Die Formel lautet dann: $n \cdot \sin \alpha = \frac{m \cdot \lambda}{a}$. Der Ausdruck $n \cdot \sin \alpha$ ist aber nichts anderes als die numerische Apertur der verschiedenen vom Gitter kommenden Beugungsmaxima. Da zur Erkennung einer Struktur wenigstens die beiden ersten Beugungsmaxima, für die $m = 1$ ist, in das Objektiv eintreten müssen, so muß die numerische Apertur A des Objektives zur Auflösung einer Linienstruktur mit den Abständen a gleich $\frac{\lambda}{a}$ sein. Die Formel lautet jetzt also $A = n \cdot \sin \alpha = \frac{\lambda}{a}$. Hieraus folgt **für den kleinsten mikroskopisch noch auflösbaren Abstand zweier Linien die Bedingung $a = \frac{\lambda}{A}$**. Man kann demnach mit dem Mikroskop um so feinere Strukturen (um so kleinere Abstände a) auflösen, je größer der Nenner A und je kleiner der Zähler λ, d. h. je größer die numerische Apertur des benutzten Objektives und je kleiner die Wellenlänge des zur Beleuchtung angewandten Lichtes ist. Die bisher benutzte Gitterformel gilt für den Fall, wo die Lichtstrahlen senkrecht auf das Gitter treffen, beim Mikroskop also, wenn wir die sog. gerade Beleuchtung des Objektes anwenden, bei welcher Spiegel, Kondensor und Blenden sich alle in der optischen Achse befinden (Abb. 34). Nun lassen sich die mikroskopischen Präparate durch Verstellen der Blenden oder auch des planen Beleuchtungsspiegels aus der optischen Achse heraus auch mit schief einfallendem Licht beleuchten (Abb. 35). Wir haben dann den Fall, daß Bündel von Lichtstrahlen schief auf ein Beugungsgitter auftreffen. Hierfür lautet die Gitterformel:

$$A = n \cdot \sin \alpha = \frac{m \cdot \lambda}{2a}.$$

Für das Auflösungsvermögen bei schiefer Beleuchtung folgt hieraus $a = \frac{\lambda}{2A}$. Bei der schiefsten Beleuchtung, die bei der numerischen Apertur A eines Mikroskopobjektives noch möglich ist, können wir also doppelt so feine Objektstrukturen auflösen wie bei gerader Beleuchtung.

Wenn die Apertur der beleuchtenden Strahlen einen anderen Wert hat als die des Objektives, so tritt an Stelle der vorigen Formel für schiefe Beleuchtung die Formel $a = \frac{\lambda}{a_0 + a_k}$, wo a_0 die numerische Apertur des Objektives und a_k die wirksame Apertur der Beleuchtung ist. Die stärkste Auflösung wird erreicht, wenn $a_0 = a_k = a$ ist. Den Fall $a_k > a_0$ werden wir später behandeln.

11. Einrichtung und Handhabung eines modernen Mikroskopes.

Um die optischen Bestandteile des Mikroskopes in bequemer und vollkommener Weise benutzen zu können, müssen sie an einem zweckentsprechenden Stativ befestigt sein. Wir wollen gleich ein größeres Mikroskopstativ besprechen, um alle für die Beobachtung im gewöhnlichen durchfallenden Licht in Frage kommenden Einrichtungen kennen zu lernen.

Das Stativ erhebt sich auf einem ziemlich schweren Fuß (Fs in Abb. 32), der den Schwerpunkt des gesamten Aufbaues möglichst nach unten verlegt. Hierdurch wird ein ruhiges und sicheres Stehen des Instrumentes erreicht. An dem Fuß ist der, das eigentliche Mikroskoprohr tragende Zwischenträger Zw entweder angegossen oder, wie in Abb. 32, vermittels eines Schraubengelenkes, der sog. Kippe Ki, kippbar daran befestigt. Diese Kippung des oberen Mikroskopteiles gegen

46   III. Das zusammengesetzte Mikroskop

den Fuß dient dazu, dem Mikroskop entweder eine für viele Arten der Beobachtung bequemere schräge Lage oder eine für mikrophotographische Aufnahmen oder Mikroprojektionen vielfach angewandte horizontale Stellung zu geben. Damit auch in diesen Stellungen kein Überkippen des Statives nach hinten eintritt, soll der Fuß mit einem genügend weit ausspringenden Ansatz, dem sog. Sporn N, versehen sein. An dem Zwischenträger Zw sind zunächst die Führungen für die Fein- und Grobverschiebung des Tubus in Richtung der optischen Achse angebracht. Die Feinverstellung hat den Zweck, die letzte Scharfeinstellung bei mittlerer und besonders bei stärkerer Vergrößerung bequem und sicher herbeizuführen. An unserem Stativ wird die Feinbewegung durch die seitlich angebrachten, von links und rechts zu bedienenden Knöpfe betätigt, wovon der eine bei Mi in der Abbildung zu sehen ist. Die Einrichtung einer Feinbewegung kann sehr verschiedenartig gestaltet sein. Sie läuft im Prinzip aber

Abb. 32.

meist auf die Betätigung einer Mikrometerschraube hinaus, die entweder unmittelbar oder durch Vermittlung eines geeigneten Mechanismus auf den Schlitten der Feinverstellung wirkt. Der Schlitten wird hierbei durch eine der Schraube entgegenwirkende Feder in jeder eingestellten Lage festgehalten. Zeichnungen, die den Mechanismus der verschiedenen Feinbewegungen im einzelnen darstellen, findet man in den Katalogen fast aller Mikroskopfirmen. Der Knopf der Mikrometer-

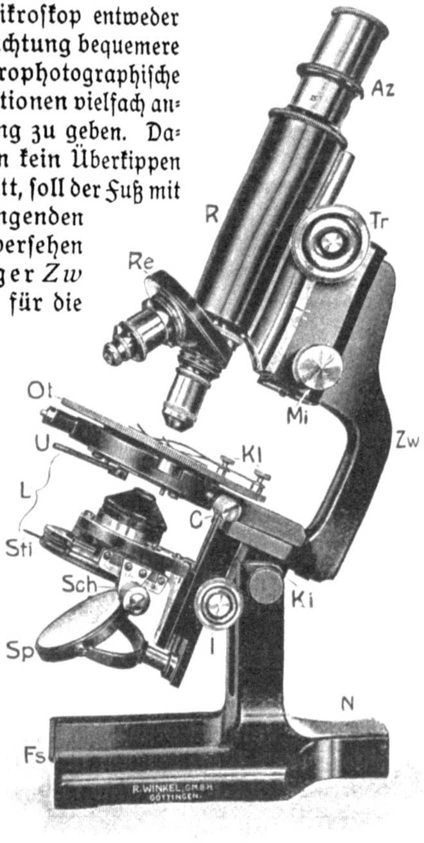

Beschreibung eines Mikroskopes

schraube trägt meist eine Teilung, an der man die Verstellung des Tubus in vertikaler Richtung in $0{,}001$ mm $= 1\,\mu$ ablesen kann. Die Grobverstellung des Tubus erfolgt mittels Zahn und Trieb durch Drehen eines der beiderseits auf der Triebachse sitzenden Triebknöpfe Tr. Sie dient zum Scharfeinstellen auf das Objekt bei schwachen Vergrößerungen und zum annähernden Einstellen bei mittleren und starken Vergrößerungen. An der Führungsstange für die Grobverstellung ist unmittelbar der Mikroskoptubus R angeschraubt. Der Tubus enthält am oberen Ende einen verschiebbaren Stutzen, den sog. Tubus-Auszug Az. Dieser trägt eine Millimeterteilung, an der man seine Stellung ablesen kann. Die Verschiebung des Auszuges kann benutzt werden, um innerhalb kleiner Grenzen eine Kompensation der durch ein Deckglas von unrichtiger Dicke hervorgerufenen Aberration zu bewirken. Man merke sich hierfür die allerdings nur mnemotechnische Bedeutung besitzende Regel, daß die Summe von Deckglasdicke und Tubuslänge gewissermaßen konstant bleiben muß. Der Auszug muß also weiter eingeschoben werden, wenn das Deckglas zu dick, er muß weiter ausgezogen werden, wenn das Deckglas zu dünn ist. Normalerweise, d. h. für die richtige Deckglasdicke soll der Auszug immer auf eine bestimmte, von der erzeugenden Firma angegebene Zahl eingestellt sein. Diese Zahl gibt die Entfernung des oberen Auszugendes vom unteren Tubusende an. Durch eine solche konstant einzuhaltende Einstellung wird bewirkt, daß Okular und Objektiv immer in einer bestimmten Entfernung voneinander gehalten werden. Diese Entfernung heißt mechanische Tubuslänge. Siehe die Strecke Δm in Abb. 36 u. Abb. 16. Sie ist merklich verschieden von der optischen Tubuslänge Δ und kann deshalb nicht für eine genaue Berechnung der Vergrößerung einer Mikroskopkombination mit Hilfe der Formel von Seite 20 dienen. Das untere Ende des Tubus trägt ein Innengewinde, in das entweder ein Objektiv oder verschiedenartige Zwischenteile eingeschraubt werden können.

Die Objektträger, welche die mikroskopischen Präparate tragen, werden zur Untersuchung auf den Objekttisch Ot gelegt und können auf ihm mit Hilfe von Federklammern, den sog. Tischfedern (s. Abb. 32 u. Abb. 36 Kl) festgehalten werden. Der Objekttisch besteht im einfachsten Falle aus einer dicken viereckigen Metallplatte, wie Ot in Abb. 36, die auf einem Ansatz des Mikroskopfußes angeschraubt ist. Um das Untersuchungsobjekt von unten her beleuchten zu können, ist

III. Das zusammengesetzte Mikroskop

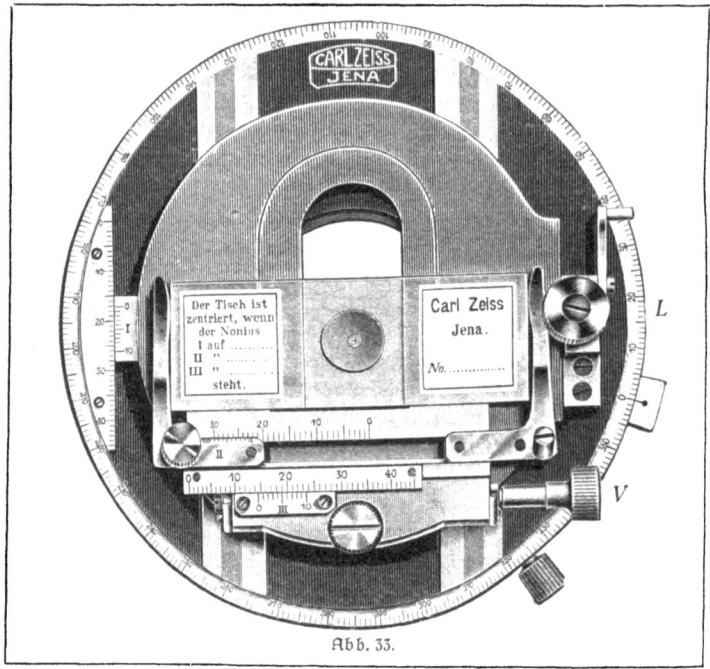

Abb. 33.

der Tisch mit einer in der Verlängerung der Mikroskopachse liegenden Durchbohrung versehen. Bei dem Stativ in Abb. 32 ist der Tisch rund und läßt sich um seine Achse drehen. Damit das Zentrum der Tischdrehung genau in die optische Achse des Mikroskopes gebracht werden kann, ist der Tisch mittels zweier Schrauben, von denen die eine bei C in Abb. 32 zu erkennen ist, in zwei um 120^0 zueinander geneigte und zu der Mikroskopachse senkrechte Richtungen verschiebbar. Man nennt diese Bewegung das Zentrieren des Drehtisches. An Stelle des einfachen zentrierbaren Drehtisches kann auch ein zentrierbarer sog. Kreuztisch treten (siehe Abb. 33). Er hat außer den Bewegungsmöglichkeiten des vorigen Tisches noch zwei weitere. Mittels der Schraube V läßt sich der obere Teil des Tisches parallel zur Tischoberfläche in der einen und mittels der Schraube L ebenfalls parallel zur Tischoberfläche in der dazu senkrechten Richtung verstellen. Zum Halten

Beschreibung eines Mikroskopes

des Objektträgers dient ein fester Anschlag, gegen den die eine schmale Kante des Glases zu liegen kommt, in Verbindung mit einer verschiebbaren Feder, welche gegen die andere Kante gedrückt wird. Diese Einrichtung, mit der sich das Präparat zum Absuchen mechanisch in zwei zueinander senkrechten Richtungen verschieben läßt, heißt eine **mechanische Objektführung**. Um bestimmte Stellen des Präparates leicht wieder auffinden zu können, läßt sich die Einstellung beider Objektführungen an je einer Skala ablesen. Man braucht sich auf der Etikette des Präparates nur die zwei bei einer bemerkenswerten Objektstelle abgelesenen Zahlen zu notieren, um später durch Einstellen eben dieser Zahlen die Stelle schnell wiederzufinden.

Zur Beleuchtung des Objektes dient der unter dem Objekttisch angebrachte **Beleuchtungsapparat** (L in Abb. 32, siehe auch Abb. 16). Durch den Spiegel Sp, der, wie schon erwähnt, auf der einen Seite als Plan- auf der anderen Seite als Hohlspiegel ausgestaltet ist, wird das von der Lichtquelle kommende Licht in den Kondensor geworfen. Der Kondensor besteht gewöhnlich aus 2 Linsen (Abb. 16), und pflegt die numerische Apertur 1,2 zu haben. Theoretisch soll in der unteren Brennebene des Kondensors die Irisblende sitzen. Diese Brennebene liegt aber so nahe vor der unteren Linsenfläche (oder beim dreifachen Kondensor sogar innerhalb der unteren Linse), daß die Anbringung der Irisblende genau in der unteren Brennebene, mit Rücksicht auf den mechanischen Aufbau des Beleuchtungsapparates, nicht möglich ist. Man verlegt deshalb die Blende etwas unter die untere Brennebene, so nahe als möglich an diese heran (Abb. 16). Da die benutzten Lichtquellen im Verhältnis zur Brennweite des Kondensors, die etwa 8 bis 10 mm beträgt, ziemlich weit entfernt sind, so können die vom Planspiegel reflektierten Strahlen als nahezu untereinander parallel angesehen werden. Diese Strahlen werden also immer ungefähr in der oberen Brennebene des Kondensors zur Vereinigung gebracht. **Es entsteht in dieser Ebene daher ein Bild der Lichtquelle**. Dieses Bild muß zur Erzielung einer möglichst großen Helligkeit genau in der Ebene des Objektes liegen. Die nicht weit von der unteren Kondensorbrennebene liegende Irisblende wird durch den Kondensor in großer Entfernung über der Objektebene abgebildet. Das Bild der Irisblende kann also durch das Mikroskop nicht deutlich gesehen werden. Durch Verengern der Blendenöffnung wird an der Größe des Gesichtsfeldes nichts geändert. Es wird vielmehr lediglich eine Änderung

III. Das zusammengesetzte Mikroskop

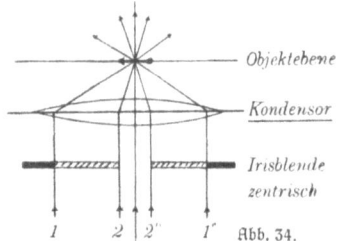

Abb. 34.

der Apertur der aus dem Kondensor austretenden Strahlen herbeigeführt. Je nach der Größe der Blende wird einem breiteren oder engeren Lichtstrahlenbündel der Eintritt in den Kondensor gestattet. Dementsprechend ändert sich die Neigung der äußersten aus dem Kondensor kommenden Strahlen zur optischen Achse oder die Apertur des Kondensors. Vgl. den Verlauf der beleuchtenden Strahlen bei der Öffnung 11′ und 22′ der Irisblende in Abb. 34. Die nahe der unteren Kondensorbrennebene sitzende Irisblende bezeichnet man deshalb als Aperturblende. Die Veränderung der Apertur der beleuchtenden Strahlen dient dazu, die Helligkeitskontraste im mikroskopischen Präparat für jeden Fall möglichst günstig abzustimmen. Eine ähnliche Wirkung erzielt man durch Heben und Senken des ganzen Kondensors vermittels des Triebknopfes J. In der Praxis pflegt man beide Möglichkeiten zu vereinigen. Um den Kondensor gegen andere Beleuchtungsvorrichtungen auswechseln zu können, läßt sich der ganze Kondensorträger in seiner untersten Stellung seitlich aus der Mikroskopachse herausklappen. Solange das Zentrum der Irisblende mit der optischen Achse zusammenfällt, haben wir den Fall der geraden Beleuchtung des Objektes. Um auch schiefe Beleuchtung anwenden zu können, die ja, wie wir Seite 45 gesehen haben, eine Verdoppelung des Auflösungsvermögens der Objektive mit sich bringt, läßt sich die Irisblende durch Drehen des Knopfes *Sch* seitlich aus der optischen Achse herausbewegen. Die am Stativ Abb. 32 befindliche Aperturirisblende hat die größtmögliche exzentrische Stellung. Die Verstellung der Blendenöffnung erfolgt durch den Stift *Sti*. Je nach dem Grade der Exzentrizität der Blende ändert sich die Neigung der Achse des beleuchtenden Strahlenbüschels gegen die optische Achse, vgl. Abb. 35, die den Gang der beleuchtenden Lichtstrahlen bei stark exzentrischer Stellung der Irisblende darstellt. Die Kombination des Kondensors mit der nach der Seite verstellbaren Irisblende wurde von Abbe eingeführt

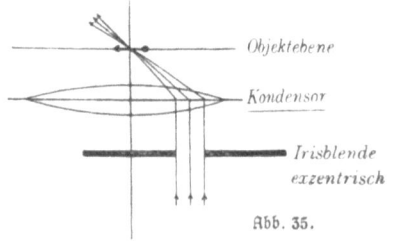

Abb. 35.

Beleuchtungsvorrichtungen und ihre Regulierung

und heißt der Abbesche Beleuchtungsapparat. Statt des zweifachen Kondensors mit der numerischen Apertur 1,2 kann auch ein dreifacher mit der numerischen Apertur 1,4 angewandt werden. Die bei diesem mögliche größere Beleuchtungsschiefe ist für Ölimmersionen höchster Apertur sowie für Dunkelfeldbeleuchtung (S. 84) wichtig. Bei schwachen Vergrößerungen ist die vom Kondensor beleuchtete Objektstelle kleiner wie das Gesichtsfeld der Objektive. Damit das Präparat bei diesen Vergrößerungen in genügend großer Ausdehnung gleichmäßig beleuchtet ist, wird der Kondensor aus seinem Träger herausgenommen und die Beleuchtung nur mit dem Spiegel ausgeführt. Zur Vermeidung von Überstrahlung und zur Herbeiführung eines günstigen Kontrastes im Bilde kann an Stelle des Kondensors eine Fassung eingesteckt werden, in welche verschiedene feste Diaphragmen, die S. 30 erwähnten Zylinderblenden (vgl. Abb. 36 Bl) auswechselbar gegeneinander eingesetzt werden können. Die Größe der Zylinderblendenöffnungen soll das jeweilige Gesichtsfeld nur wenig überschreiten. Eine weitere Regulierung des Lichtkontrastes kann durch Senken und Heben der Zylinderblenden erzielt werden, genau wie dies mit dem Kon‑

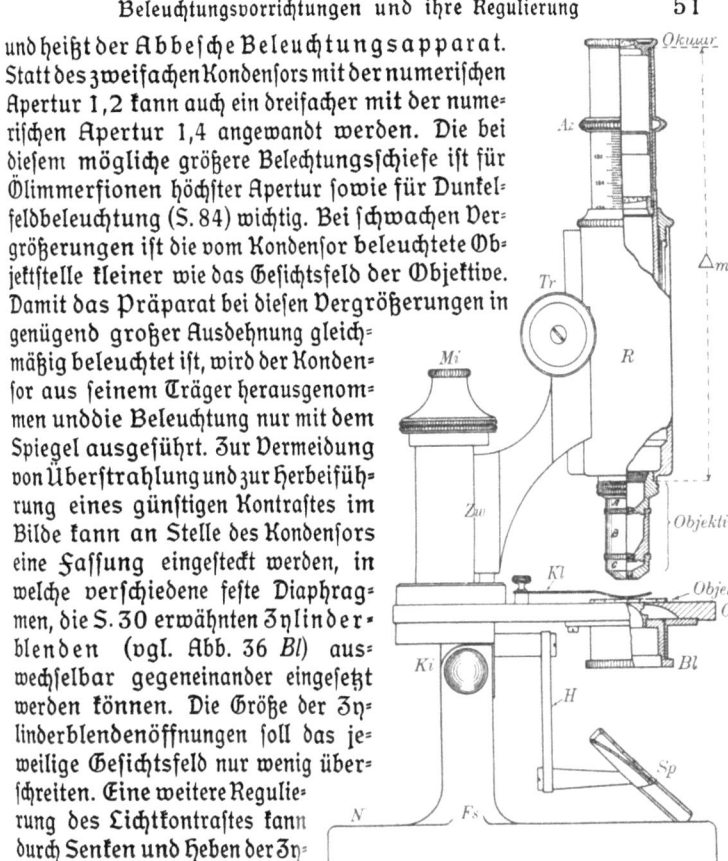

Abb. 36.

densor möglich ist. Die Zylinderblenden werden vielfach auch ersetzt durch eine unmittelbar unter dem Mikroskoptisch fest eingesetzte Kugelirisblende, die sog. Tischirisblende. Diese gestattet die Einengung der beleuchtenden Strahlen auf das Gesichtsfeld in stetiger Abstufung. An dem Stativ Abb. 32 wird sie durch den Stift U betätigt.

Bei den besseren Kondensoren läßt sich zur Erzielung einer gleichmäßigen Beleuchtung bei schwachen Vergrößerungen auch die untere Kondensorlinse

4*

allein verwenden. Zu diesem Zweck ist die obere Kondensorlinse abschraubbar. Diese Beleuchtungsart wird besonders bei der Mikrophotographie und Mikroprojektion mit schwachen und mittleren Vergrößerungen angewandt.

Billige Stative sind an Stelle des Kondensors häufig nur mit Zylinderblenden ausgerüstet. Ein solches für Teilnehmer an Einführungskursen in die Zoologie und Botanik sowie für Naturliebhaber überhaupt recht brauchbares Instrument zeigt Abb. 36. Die Einzelteile, von denen wir einige schon früher kurz kennen gelernt haben, tragen hierbei dieselbe Buchstabenbezeichnung wie am Stativ Abb. 32. Hier werden die Zylinderblenden auch zur Regulierung der Beleuchtung bei starken Vergrößerungen benutzt. Wegen der eintretenden Lichtschwäche empfiehlt es sich im allgemeinen nicht, die Zylinderblenden bei Vergrößerungen über 500 noch anzuwenden. Ein Kondensor ist dann nicht gut zu entbehren. Um auch bei den einfachen Stativen schiefe Beleuchtung anwenden zu können, ist der den Spiegel tragende Arm H, wie in der Abb. 36 ersichtlich, oben sowohl wie unten mit je einem Gelenk versehen. Hierdurch kann der Spiegel aus der optischen Achse heraus verstellt werden.

12. Praktische Winke für den Gebrauch und die Behandlung des Mikroskopes.

Das Einstellen des Mikroskopes auf ein Untersuchungsobjekt, d. h. die Bewegung des Tubus mit Hilfe des Triebes, bis beim Hineinschauen in das Okular ein deutliches Bild erscheint, wird am sichersten zunächst immer mit einer schwachen Vergrößerung ausgeführt. Das große Gesichtsfeld der schwachen Objektive erlaubt hierbei ein leichtes Finden und Zurechtrücken des Objekts. Auch läßt sich bei dem zugehörigen weiten Objektabstand ein Aufrennen des Objektives auf Deckglas und Objektträger und damit eine Beschädigung von Präparat und Objektiv leicht vermeiden. Bei schwachen Vergrößerungen genügt zur völligen Scharfeinstellung meist der Trieb.

Vor dem Übergehen zu stärkeren Vergrößerungen rückt man die für die genauere Untersuchung in Frage kommende Stelle des Präparates in die Mitte des Gesichtsfeldes. Dabei ist zu beachten, daß wegen der umgekehrten Lage des mikroskopischen Bildes zum Objekt jede Bewegung des Präparates ebenfalls in umgekehrter Richtung vorgenommen werden muß, wie es im Bilde erscheint. Die letzte Scharfeinstellung wird bei den stärkeren Vergrößerungen mit der Mikrometerschraube herbeigeführt. Da bei den stärksten Objektiven der Abstand der Frontlinse vom Deckglase nur etwa 0,1—0,2 mm beträgt, so muß die Einstellung mit diesen besonders vorsichtig geschehen. Man verfährt am besten so, daß man den Mikroskoptubus, unter Beobachtung von der Seite her, vorsichtig so weit senkt, bis der untere Fassungsrand das Deckglas fast berührt. Erst jetzt schaut man ins Okular und bewegt den Tubus mit der Mikrometerschraube langsam aufwärts, bis das Bild scharf erscheint. Bei der Einstellung mit Immersionsobjektiven ist die Bildung von Luftblasen in dem Immersionsmittel (Wasser, Zedernholzöl) zu vermeiden, da jede Blase, welche in den Bereich der das Gesichtsfeld ausfüllenden Strahlenbüschel gelangt, durch Licht- oder Schattenwirkungen Störungen im Bilde hervorruft. Man verhütet die Bildung von Luftblasen durch langsames Eintauchen der Objektivfront in den auf dem Deckglase ausgebreiteten Tropfen der Immersionsflüssigkeit. Sind zufällig dennoch Blasen entstanden, so können sie durch langsam wiederholtes Aus- und Eintauchen des Objektives entfernt werden.

Um ein Mikroskop dauernd in gutem Zustande zu halten, ist es in erster Linie vor Verstaubung zu schützen. Der Staub schädigt mit der Zeit nicht nur die Linsenoberflächen, sondern gibt auch Veranlassung zu Störungen an den beweglichen Teilen des Mikroskopes. So können die Führungen für die Grob- und Feinbewegung durch hineingeratenen Staub, je nach den Umständen, einem Ausleiern oder Verschmieren unterliegen. Außer dem jedem Mikroskop beigegebenen Kasten oder Schrank sind als Staubschutz besonders Glasglocken geeignet, welche über das am Arbeitsplatz stehende Instrument gestülpt werden.

Das Reinigen verstaubter oder beschmutzter Linsenflächen geschieht am besten mit altem, oft gewaschenen Leinen. Bei fettigen oder klebrigen Schmutzflecken tränkt man das Leinen mit etwas Alkohol oder Äther. Die den Immersionsobjektiven anhaftende Flüssigkeit muß unmittelbar nach Beendigung der Beobachtung durch Abtupfen mit reinem Fließpapier und Nachreiben mit Leinewand beseitigt werden. Eintrocknende Wassertropfen können die Politur der Frontfläche anfressen und hierdurch Flecke hervorrufen, welche die Leistung des Objektives mit der Zeit beeinträchtigen. Das für die homogenen Immersionen benutzte Zedernholzöl verharzt durch Sauerstoffaufnahme aus der Luft ziemlich schnell und bildet dann einen harten Überzug auf der Objektivfront und dem Deckglas, der nur durch Abwischen mit reichlich in Benzin, Xylol oder einem anderen Lösungsmittel getränkter Leinwand zu entfernen ist. Das Hineingeraten von Zedernholzöl in Gewindegänge der Objektivfassungen oder gar in Führungsteile des Mikroskopes ist unbedingt zu vermeiden, da durch das verharzende Öl die Bewegungen vollkommen gehemmt werden.

Zur Ersparnis des teuren Zedernholzöles kann bei Benutzung eines Kondensors der numerischen Apertur 1,2 der optische Kontakt zwischen Objektträger und oberer Kondensorlinse einfach mit destilliertem Wasser hergestellt werden. Auch bei einem Kondensor von der numerischen Apertur 1,4 ist dies in den meisten Fällen vollkommen ausreichend.

13. Die Objektive.

Die Objektive stellen den kostbarsten und wichtigsten optischen Bestandteil des Mikroskopes dar. Ihre Einteilung nach der Art des Mittels, das sich zwischen Frontlinse und Deckglas befindet, in Trockensysteme und Immersionen haben wir bei Besprechung der nume=

rischen Apertur schon kennen gelernt. Eine weitere Einteilung der Mikroskopobjektive bezieht sich auf den Grad ihrer chromatischen Korrektion. Man unterscheidet danach Achromate, Apochromate und Semi=Apochromate oder Fluoritsysteme.

Die Achromate sind die am längsten bekannten Mikroskopobjektive und bestehen aus sehr haltbaren, altbewährten Glassorten. Bei diesen Gläsern ist die chromatische Korrektion nur bis auf den Rest des sekundären Spektrums durchführbar. Alle Achromate zeigen deshalb an scharfen Konturen im Präparat, besonders nach dem Rande des Gesichtsfeldes zu und bei starken Vergrößerungen, die das sekundäre Spektrum darstellenden lichten, einerseits purpur bis rosa, andererseits grünlich gelb gefärbten Farbsäume. Ältere Objektive waren vielfach aus mehreren in sich achromatischen Einzellinsen zusammengesetzt. Durch An= und Abschrauben dieser 3—5 Einzellinsen konnten ebenso viele Brennweiten und diesen entsprechende Vergrößerungen erzeugt werden. Heute wird dieser Wechsel der Vergrößerung nur noch in beschränktem Maße bei verhältnismäßig schwachen Systemen angewandt. Ein solches System ist an das Stativ Abb. 36 (ABC) angeschraubt. Für manche Untersuchungen bei schwachen Vergrößerungen von Wert ist auch ein Mikroskopobjektiv, bei dem durch Drehen eines Ringes die Entfernung zweier achromatischer Linsen so verkürzt werden kann, daß die Vergrößerung stetig auf das Dreifache gesteigert wird. Alle stärkeren Systeme hingegen werden heute so gebaut, daß sie nur im ganzen ein fehlerfreies Bild liefern. Ein schwächeres achromatisches Objektiv befindet sich auf Abb. 16. Die achromatischen Trockensysteme werden ausgeführt bis zur numerischen Apertur von 0,90. Für Untersuchungen bei höheren Aperturen kommen die achromatischen Wasserimmersionen bis zu Aperturen von 1,2 und weiter die achromatischen Ölimmersionen oder homogenen Immersionen bis zu Aperturen von 1,30 in Betracht. Zur Bezeichnung der Objektive benützt man seit alters her entweder einfach mit der Verkürzung der Brennweite steigende Nummern oder die Buchstaben des Alphabets. Bei den später aufgekommenen Typen hat man zur Bezeichnung in rationeller Weise die Brennweiten eingeführt. Dies war auch schon früher bei den Öl= immersionen gebräuchlich. Man bezeichnete sie mit der in englischen Zoll ausgedrückten Brennweite. Eine Ölimmersion $\frac{1}{12}$ hat demnach eine Brennweite von 1,8 mm. Heute werden in Deutschland die Brennweiten meist nur noch in mm angegeben.

Die Objektive

Die **Apochromate** zeichnen sich vor den Achromaten dadurch aus, daß bei ihnen auch das sekundäre Spektrum so gut wie vollkommen beseitigt ist. Es gelang dies zuerst nach den Berechnungen von E. Abbe in der optischen Werkstätte von C. Zeiß. Ausschlaggebend für die Möglichkeit, derartige Systeme zu verwirklichen, war die Erfindung besonderer Glassorten durch Schott, den Begründer der Jenaer Glasschmelzerei. Diese Glassorten gestatten, in Verbindung mit einem isotropen Mineral, dem Flußspat, achromatische Linsenkombinationen herzustellen, bei denen statt zweier Farben des Spektrums deren drei in einem Punkt vereinigt werden. Hierdurch sind praktisch alle Farben sehr nahe in einem Punkt vereinigt. Außerdem ist es möglich geworden, die sphärische Aberration statt für eine, für zwei Farben vollkommen zu beheben, so daß die chromatische Differenz der sphärischen Aberration beseitigt ist. Da dies nicht nur für die Nähe der optischen Achse, sondern auch für alle Zonen bis zum Rande des Gesichtsfeldes erreicht ist, übertrifft die Güte des Bildes bei den Apochromaten auch außerhalb der optischen Achse bedeutend diejenige des Bildes bei den Achromaten. Wegen der, gegenüber den Achromaten gleicher Brennweite recht hohen Apertur der Apochromate, macht sich bei diesen die Krümmung der Bildfläche in stärkerem Maße bemerkbar als bei den Achromaten. Dies ist für subjektive Beobachtungen kein Nachteil, da durch Nachstellen mit der Mikrometerschraube Rand und Mitte des Gesichtsfeldes leicht und schnell nacheinander scharf eingestellt werden können. Bei photographischen Aufnahmen mit dem Mikroskop bewirkt die Bildkrümmung allerdings einen merklichen Schärfeabfall nach dem Rande des Photogramms zu. Die Aperturen der apochromatischen Trockensysteme gehen bis zum Wert 0,95, die der apochromatischen Ölimmersionen bis zum Wert 1,40.

Die **Semi-Apochromate** oder **Fluoritsysteme** sind Objektive, bei denen zwar durch die Verwendung von Flußspatlinsen eine bessere Farbenkorrektion erzielt ist als bei den Achromaten, die aber noch einen ganz geringen Rest des sekundären Spektrums aufweisen. Dieser Rest ist allerdings so wenig auffällig, daß diese Systeme für viele Zwecke der Praxis die Apochromate ersetzen können. Immerhin machen sich besonders bei schiefer Beleuchtung und bei feinsten Strukturen noch geringe Farbensäume geltend, die bei den Apochromaten vollkommen ausbleiben.

Die stärkeren Trockensysteme und Wasserimmersionen, besonders die Apochromate, sind häufig mit einer Einrichtung versehen, die eine

Einstellung des Objektives auf verschiedene Deckglasdicken ermöglicht. Durch Drehung eines Ringes wird die Entfernung der unteren Linsen dieser Objektive von den oberen in solchem Maße verändert, daß die durch verschiedene Deckglasdicken hervorgerufene Aberration der Lichtstrahlen kompensiert werden kann. An einer auf der Fassung dieser sog. Korrektionssysteme angebrachten Skala kann die Einstellung auf eine bestimmte Deckglasdicke unmittelbar abgelesen werden.

Das Auswechseln der verschiedenen Objektive gegeneinander geschieht im einfachsten Fall durch An- und Abschrauben. Um das Wechseln schneller und bequemer ausführen zu können, hat man Objektivrevolver konstruiert, auf welche zwei bis vier Objektive gleichzeitig aufgeschraubt werden können. Durch einfaches Drehen des Revolverkopfes kann ein Objektiv nach dem anderen in die optische Achse gebracht werden. Ein dreifacher Revolver (Re) befindet sich an dem in Abb. 32 dargestellten Stativ. Er trägt drei Objektive. Die Einführung des Revolvers hat dazu geführt, sämtliche Objektive, mit Ausnahme der allerschwächsten, in der Länge der Fassungen so gegeneinander abzustimmen, daß beim Wechseln der Objektive die Scharfeinstellung auf das Objekt nahezu erhalten bleibt. Zur völligen Scharfeinstellung ist dann nur ein geringes Nachstellen mit der Mikrometerschraube erforderlich. Andere Vorrichtungen zum Wechseln der Objektive sind der Objektivschlitten und die Objektivzange.

14. Die Okulare.

Die für das Mikroskop am meisten gebrauchte Okularform ist das Hunghenssche Okular. Es besteht aus zwei Plankonverlinsen, welche beide ihre konvexe Seite dem Objektiv zuwenden. Die optische Bedingung, welche ein solches einfaches Okular erfüllen muß, besteht darin, daß seine Brennweiten für die verschiedenen Spektralfarben gleich groß gemacht werden. Dies ist theoretisch möglich, wenn der Abstand D der beiden Einzellinsen das arithmetische Mittel ihrer Brennweiten ist: $D = \dfrac{f_1 + f_2}{2}$. Beim Hunghenschen Okular ist die Brennweite der Kollektivlinse größer als die der Augenlinse, meist im Verhältnis 2:1. Die untere Brennebene und die Bildebene des Okulars kommen dadurch zwischen die Linsen zu liegen. An dem Orte

Objektivwechsler. Okulare 57

der Bildebene trägt die Okularfassung die schon genannte Gesichts=
feldblende (Abb. 16). Die Okulare werden einfach in den Tubus ein=
gesteckt und passen beim Mikroskop im Gegensatz zum Fernrohr ganz
leicht, damit ein schneller Wechsel ohne starke Zerstörung der Einstellung
des Mikroskopes durch Erschütterungen möglich ist.

Einige Typen der Mikroskopokulare, besonders die stärkeren Nummern
und die zu manchen Meßzwecken dienenden Okulare, sind auch nach der
Art der Ramsdenschen Okulare gebaut. Die obengenannte Bedin=
gung zur Vereinigung der Brennweiten für verschiedene Farben ist
bei diesen Okularen dadurch erfüllt, daß die Brennweiten der beiden
Einzellinsen annähernd gleich gemacht sind. Der Abstand der Augen=
linse von der Kollektivlinse wird also gleich der Brennweite der ersten.
In der Praxis nimmt man den Abstand jedoch etwas kürzer, damit
die Bildebene und die Brennebene des Okulares ein wenig unter die
Kollektivlinse zu liegen kommen. Hierdurch ist einmal erreicht, daß
die Staubteilchen, welche sich auf die Flächen der Kollektivlinse auf=
setzen, nicht gleichzeitig mit dem Bild deutlich gesehen werden, und
zum anderen, daß Fadenkreuze, Skalen und andere Hilfsvorrichtungen
zum Messen unter dem Okular, also unabhängig von der Okular=
fassung, angebracht werden können.

Die gewöhnlichen Mikroskopokulare der besprochenen beiden Arten
lassen einen Fehler der Objektive bestehen, der sich durch die Objektiv=
konstruktion selbst nicht aufheben läßt. Er besteht in der Ungleichheit
der Vergrößerung für verschiedene Spektralfarben und macht sich bei
den starken Achromaten, noch mehr aber bei den sonst sehr vollkommen
korrigierten Apochromaten dadurch geltend, daß gewisse Farbensäume
in nach dem Rande des Gesichtsfeldes hin zunehmendem Maße auftreten.
Um diesen Fehler zu beseitigen, berechnete Abbe Okulare, welche den
gleichen Fehler, aber im entgegengesetzten Sinne, aufweisen. Während
die Objektive für Rot schwächer vergrößern wie für Blau, findet bei
solchen Okularen das Umgekehrte statt. Diese Okulare von kompliziertem
Bau, welche Kompensationsokulare genannt werden, geben ein
merklich farbenreineres Bild wie die gewöhnlichen Mikroskopokulare.
Man erkennt sie daran, daß sie an der Blende einen gelblichen bis
gelblichroten Saum zeigen.

Um die für photographische Aufnahmen und Projektionen mit dem
Mikroskop störende Krümmung der Bildfläche möglichst unschädlich
zu machen, hat man besondere Okulare, die orthoskopischen oder

III. Das zusammengesetzte Mikroskop

komplanatischen Okulare gebaut, welche ein nahezu ebenes Gesichtsfeld aufweisen, allerdings etwas auf Kosten der Farbenkorrektion nach dem Rande des Gesichtsfeldes zu.

15. Die Auflösungsfähigkeit der verschiedenen Mikroskopobjektive.

Wie wir gesehen haben, ist dem Auflösungsvermögen des Mikroskops durch die Beugung und Interferenz des Lichtes eine Grenze gesetzt, welche für schiefe Objektbeleuchtung gegeben ist, durch die Formel $a = \dfrac{\lambda}{2A}$. Die Wellennatur des Lichtes, welche die Interferenzen hervorruft, ist also in letzter Linie die Ursache dafür, daß der Sichtbarmachung der Gestalt kleinster Teilchen eine Schranke gezogen ist, die nach den heutigen Kenntnissen nicht überschritten werden kann. Setzen wir für die Wellenlänge des sichtbaren Lichtes im Mittel den Wert $\lambda = 0{,}55\,\mu$, so ergeben sich aus der angeführten Formel die bei verschiedenen Aperturen der Objektive auflösbaren Strukturen, welche in Kolumne 2 der folgenden Tabelle zusammengestellt sind. Mit Hilfe von Trockensystemen, deren Aperturen bis zu 0,90 betragen, lassen sich hiernach zwei Teilchen optisch voneinander trennen, deren Abstand $0{,}31\,\mu$, also ungefähr die halbe Wellenlänge des angewandten Lichtes betragen.

$A = n \cdot \sin \alpha$	a in μ	$\epsilon = 2'$		$\epsilon = 4'$	
		N	F mm	N	F mm
0,10	2,75	53	4,72	106	2,36
0,30	0,92	159	1,58	317	0,79
0,60	0,46	317	0,79	635	0,39
0,90	0,31	476	0,52	952	0,26
1,20	0,23	635	0,39	1270	0,20
1,40	0,19	741	0,34	1481	0,17
1,60	0,17	847	0,30	1693	0,15

Durch Anwendung einer homogenen Ölimmersion der Apertur 1,40 wird diese Grenze bis auf $0{,}19\,\mu$ hinaus geschoben.

Die nach Abbes Rechnungen gebaute Monobromnaphthalin-Immersion vergrößert, wie aus der Tabelle ersichtlich, das Auflösungsvermögen im Verhältnis zur Steigerung der Apertur nur noch wenig. Da ein ge-

Grenze des Auflösungsvermögens. Normalvergrößerung

eignetes Einbettungsmittel von höherem Brechungsexponenten noch unbekannt ist, muß das als Immersionsflüssigkeit bei diesem Objektiv benutzte Monobromnaphthalin vom Brechungsexponenten 1,66 auch zur Einbettung der Präparate dienen. Leider ist dies bisher aber nur bei den aus Kieselsäure bestehenden Diatomeenschalen möglich, da alle organischen Substanzen durch das Monobromnaphthalin entweder gelöst oder auf andere Weise zerstört werden. Dieser Nachteil sowie die Unbequemlichkeit, Deckgläser und Objektträger von höherem Brechungsexponenten wie normal benutzen zu müssen, haben dazu beigetragen, daß die Monobromnaphthalin-Immersion, die übrigens in der Farbenkorrektion als Semi-Apochromat anzusprechen ist, nur in wenigen Fällen und zwar hauptsächlich bei Erforschung der Diatomeen angewandt worden ist.

Damit eine Objektstruktur für das Auge wirklich sichtbar wird, genügt es nicht allein, daß das zur Auflösung benutzte Mikroskopobjektiv eine hinreichende numerische Apertur besitzt, vielmehr ist außerdem noch eine solche Vergrößerung des mikroskopischen Bildes erforderlich, daß die feinsten Struktureinzelheiten unter einem Winkel erscheinen, der die Grenze des Sehwinkels etwas überschreitet. Diese Vergrößerung wird Normalvergrößerung genannt. Nach den praktischen Erfahrungen muß bei mikroskopischen Beobachtungen der deutliche Sehwinkel für ein eben bequemes Sehen annähernd gleich zwei Winkelminuten, für ein ganz bequemes Sehen wenigstens gleich vier Winkelminuten sein. Es sei ϵ der erforderliche deutliche Grenzsehwinkel, N die Normalvergrößerung, l die deutliche Sehweite und a wie früher der kleinste trennbare Abstand. Ist ϵ im Bogenmaß ausgedrückt, so ist die Größe dieses Bogenmaßes in der Entfernung l gleich $\epsilon \cdot l$. Dieser Bogen $\epsilon \cdot l$ kann bei der Kleinheit des Winkels gleich der zugehörigen Sehne gesetzt werden (Abb. 37). Die Länge dieser Sehne

Abb. 37.

stellt die Strecke dar, auf welche die kleine Größe a in der Entfernung l vergrößert ist. Die Normalvergrößerung ist also $N = \dfrac{\epsilon \cdot l}{a}$. Rechnen wir hieraus a aus und setzen dies in unsere obige Formel ein, so folgt $N = \dfrac{2A \cdot l}{\lambda} \cdot \epsilon$. Die hiernach sich ergebenden Werte für die Normalvergrößerung der verschiedenen Aperturen sind für $\epsilon = 2'$ in Kolumne 3 und für $\epsilon = 4'$ in Kolumne 5 der vorigen Tabelle eingetragen. Man erkennt an diesen Zahlen, daß die Auflösung der kleinsten sichtbar zu machenden Strukturen eine gar nicht unmäßig hohe Vergrößerung erfordert. Die Normalvergrößerung kann anderseits auch durch die Lupenformel von S. 16 ausgedrückt werden, als das Verhältnis von deutlicher Sehweite l zur Äquivalentbrennweite F des ganzen Mikroskops: $N = \dfrac{l}{F}$.

Da wir N kennen, können wir hieraus F berechnen. Die Ergebnisse dieser Rechnung zeigen die Kolumnen 4 und 6 unserer Tabelle. Es ist von besonderem Interesse zu sehen, wie kleine Brennweiten sich durch das zusammengesetzte Mikroskop noch nutzbringend anwenden lassen, die bei Einzellinsen technisch überhaupt nicht herstellbar sein würden.

Die obige Tabelle für das Auflösungsvermögen gilt nur, wenn die wirksame Apertur A_k der Beleuchtung gleich der Apertur A_0 des Objektives ist. Ist $A_k < A_0$ so gilt für das Auflösungsvermögen die schon Seite 45 angeführte Formel $a = \dfrac{\lambda}{A_0 + A_k}$. Es folgt hieraus, daß **zur vollständigen Ausnutzung des Auflösungsvermögens eines Mikroskopobjektives der Kondensor wenigstens die Apertur des Objektives erreichen soll**. Bei Trockensystemen muß also die numerische Apertur des Kondensors den Wert 1 haben. Bei Immersionssystemen hingegen muß sie die Einheit übertreffen. **Damit hier die beleuchtenden Strahlen in das Präparat eintreten können, müssen alle Lufträume, von der Kondensoroberfläche beginnend bis zur Frontlinse der Immersion, mit einem Mittel von mindestens gleicher Brechung wie die numerische Apertur des benutzten Systemes ausgefüllt werden.** Es müssen also sowohl die Präparate in einem solchen Mittel eingebettet sein, als auch die Räume zwischen Kondensoroberfläche und Objektträger und zwischen Deckglas und Objektiv mit demselben ausgefüllt werden. Andernfalls werden alle Strahlen von größerer Apertur als 1 an der ersten Grenze Glas gegen Luft total reflektiert und scheiden von der Mitwirkung bei der Beleuchtung oder bei der Abbildung aus. Vielfach kommt man auch mit geringerer Apertur der Beleuchtung aus und kann auch bei Immersionssystemen die Flüssigkeitsschicht zwischen Objektträger und Kondensoroberfläche oft ohne Nachteil fortlassen.

IV. Messungen an mikroskopischen Präparaten.

1. Längenmessungen.

Bringt man an dem Ort der Gesichtsfeldblende des Mikroskopes, also in der Ebene der Okularblende, eine durchsichtige Skala an, so werden deren Striche gleichzeitig mit dem mikroskopischen Bild deutlich gesehen. Man kann auf diese Weise die Länge einer bestimmten Strecke im mikroskopischen Bild ohne weiteres in Einheiten der Okularskala angeben. Eine solche Okularmikrometer genannte Skala ist meist in zehntel Millimeter geteilt und 5 oder 10 mm lang (Abb. 38). Sie trägt schwarze Striche auf glasklarem Grund. Um uns über die wahre Größe der zu messenden Strecke im Bilde klar zu werden, müssen wir berücksichtigen, daß das mikroskopische Bild durch die vergrößernde Wirkung von Objektiv und Okular zustande kommt, das Okularmikrometer, das zwischen den beiden Okularlinsen liegt, aber nur durch die Augenlinse vergrößert gesehen wird. Die am Okularmikrometer abgelesene Länge einer bestimmten Strecke im Bilde muß demnach noch mit einem gewissen Faktor, dem sog. Mikrometerwert des Okulares multipliziert werden, um die wahre Größe in Millimetern zu erhalten. Der Mikrometerwert ist die Länge eines Skalenteiles des Okularmikrometers ausgedrückt in $^{1}/_{1000}$ mm = 1 μ. Er ändert sich für jede Kombination eines Okulars mit einem Objektiv. Die Ermittelung dieses Wertes geschieht mit Hilfe einer sehr fein geteilten Skala, die unter einem Deckglas auf einem Objektträger angebracht ist. Diese Objektmikrometer genannte Skala enthält ein Intervall von 2 mm in 200 Teile geteilt oder 1 mm in 100 Teile geteilt. Jeder Teil ist also 0,01 mm lang. Stellt man das Mikroskop auf ein solches Objektmikrometer

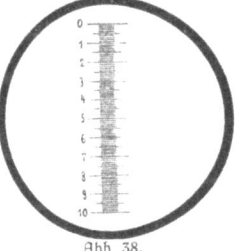

Abb. 38.

ein, so kann man leicht feststellen, wieviel Intervalle des Okularmikrometers sich mit einer bestimmten Anzahl von Intervallen des Objektmikrometers decken. Fallen k Intervalle des Okularmikrometers mit b Intervallen des Objektmikrometers gleich $b \cdot 0{,}01$ mm zusammen, so ist der Wert eines Intervalles auf dem Okularmikro-

IV. Messungen an mikroskopischen Präparaten

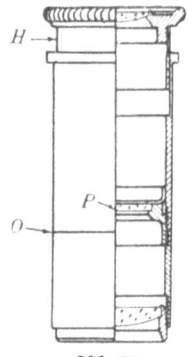

Abb. 39.

meter oder der Mikrometerwert $m = \dfrac{b}{k} \cdot 0{,}01$ mm $= \dfrac{b}{k} \cdot 10\ \mu$. Er wird von den Fabrikanten für ihre verschiedenen Okulare in den Katalogen angegeben. Man kann diesen Angaben aber nur die Rolle von Durchschnittswerten beimessen, da die Brennweiten der Objektive sowohl wie der Okulare praktisch unvermeidliche kleine Schwankungen aufweisen, welche die genauen Größen der Mikrometerwerte entsprechend beeinflussen. Jeder Mikroskopiker muß für wirklich genaue Messungen seinen Mikrometerwert selbst bestimmen. Zum bequemen Auswechseln und Einlegen der Okularmikrometer hat man besondere Okulare konstruiert, welche Mikrometerokulare (Abb. 39) heißen. Bei diesen läßt sich die Fassung an der Stelle O auseinanderschrauben. In die hierdurch sichtbar werdende Eindrehung des unteren Okularteiles paßt das Mikrometerplättchen P hinein und kann ebenso leicht eingelegt, wie herausgenommen werden und in einem andern Mikrometerokular Verwendung finden. Um das Okularmikrometer leicht für jedes Auge scharf einstellen zu können, ist die Augenlinse der Mikrometerokulare in eine besondere Hülse H gefaßt, die sich mit etwas Reibung gegen die Skala verstellen läßt.

2. Dickenmessungen.

Die Dicke von manchen mikroskopischen Objekten, wie Haaren, Fasern, Poren, Kriställchen u. dgl. läßt sich, wie bei Längenmessungen beschrieben, mit dem Okularmikrometer messen. Außer diesen Dicken in Richtung parallel zum Objekttisch lassen sich mit dem Mikroskop auch Dicken senkrecht zum Objekttisch, also in Richtung der optischen Achse, messen. Hierzu dient die Mikrometerschraube. Um ein für die mikroskopische Praxis nützliches Beispiel zu bringen, wollen wir die Messung der Dicke eines Deckgläschens beschreiben. Erstes Verfahren: Auf dem Objekttisch wird ein leerer Objektträger festgeklammert. Mit mittelstarker Vergrößerung stellen wir das Mikroskop auf ein an der Oberfläche des Objektträgers liegendes Staubkörnchen scharf ein und lesen die Stellung der Mikrometerschraube ab. Das zu messende Deckgläschen legen wir dann auf den Objektträger und heben den Tubus mit Hilfe der Mikrometerschraube so lange, bis

Mikrometerokular. Messung der Deckglasdicke

die auf der Oberfläche des Deckglases sitzenden Stäubchen scharf eingestellt sind. Die Differenz zwischen der zugehörigen Ablesung der Mikrometerschraube und der vorigen ergibt unter Berücksichtigung der ganzen Umdrehungen der Schraube unmittelbar die Dicke des Deckglases. Da es vorkommt, daß die Deckgläschen, namentlich bei großem Format, eine merkliche Krümmung aufweisen, so ist zur Erzielung eines möglichst genauen Meßergebnisses das Glasplättchen mit der konvex gekrümmten Seite nach unten auf den Objektträger zu legen. Man kann mit diesem Verfahren auch die Dicke undurchsichtiger Plättchen messen. Das zweite Verfahren läßt sich nur auf durchsichtige Platten anwenden und erfordert die Kenntnis des Brechungsverhältnisses des Plattenmaterials. Um ein loses Deckgläschen zu messen, machen wir auf seine beiden Flächen je einen kleinen Tuschekleks, so daß beide Klekse fast übereinander liegen. Wir legen das Gläschen auf den Objekttisch und stellen mit einem stärkeren Trockensystem zuerst auf den Rand des unteren Klekses und hierauf auf den Rand des oberen Klekses scharf ein. Die Differenz der beiden Einstellungen der Mikrometerschraube würde recht genau die Dicke des Deckgläschens ergeben, wenn es nahezu den Brechungsexponenten 1 besäße. Da aber der Kleks an der Unterseite durch das Glas, also durch ein Mittel von höherem Brechungsexponenten hindurch gesehen wird, so scheint er um eine bestimmte Strecke a höher zu liegen wie in Wirklichkeit. Diese Strecke a heißt **Bildhebung**. Die scheinbare Dicke d' ist also gleich der wirklichen Dicke d vermindert um den Wert a; oder $d' = d - a$. Die Bildhebung ist gleich der scheinbaren Dicke multipliziert mit dem Unterschied der Brechungsexponenten zwischen Glas und Luft, also $a = d'(n-1)$. Setzt man dies in die vorige Formel ein, so erhält man $d = n \cdot d'$. **Die wirkliche Dicke wird also erhalten durch Multiplikation der gemessenen scheinbaren Dicke mit dem Brechungsexponenten n des Glases.** n kann für die gebräuchlichen Deckgläser gleich 1,5 gesetzt werden. Das zweite Verfahren erlaubt natürlich auch die Messung von Deckglasdicken an fertigen Präparaten. Hierbei wird allerdings vorausgesetzt, daß das Deckglas ohne wesentliche Zwischenschicht unmittelbar auf dem Objekt aufliegt. Man hat dann nur nacheinander auf die Oberfläche des Objektes und auf die Oberfläche (Staub) des Deckglases einzustellen, um die scheinbare Dicke d' zu bekommen.

3. Zählen.

Das Abzählen mikroskopischer Teilchen kann einen doppelten Zweck haben. Es kann zunächst dazu dienen, die Mengenverhältnisse verschiedenartiger Teilchen in einem Untersuchungsobjekt festzustellen. Ein Beispiel für diesen Fall ist die Ermittelung des Mengenverhältnisses der roten und weißen Blutkörperchen. Man grenzt einen leicht zu übersehenden Teil des Gesichtsfeldes durch eine Blende in der Bildebene des Okulars ab, zählt an möglichst vielen Stellen des Präparates die roten und weißen Blutkörperchen und nimmt das arithmetische Mittel aus den erhaltenen Zahlen. Nach den Gesetzen der Wahrscheinlichkeit wird das Endresultat dabei um so sicherer, an je mehr Präparatstellen man zählt. Je gleichmäßiger andererseits das Präparat hergestellt ist, mit desto weniger Zählungen kommt man aus. Die wahre Größe des durch eine Blende im Okular abgegrenzten Gesichtsfeldteiles muß mit Hilfe eines Objektmikrometers für jedes Objektiv besonders ermittelt werden. Für sehr spärlich im Präparat verteilte Partikelchen kann man die Okularblende selbst als Abgrenzung benutzen. Ein Beispiel hierfür ist die Zählung vereinzelter Bakterienkolonien.

Zweitens kann das Zählen den Zweck haben, die mittlere Anzahl von Teilchen in einem bekannten abgegrenzten Volumen des Präparates zu bestimmen. Man kann hierzu natürlich auch die im vorigen genannte Blende im Okular benutzen, wenn man gleichzeitig die Höhe des abgegrenzten Gesichtsfeldteiles kennt. Diese kann man mit der Mikrometerschraube messen, indem man nacheinander auf ein am Objektträger und ein am Deckglase adhärierendes Teilchen einstellt. Zur Ausrechnung des wahren Höhenwertes ist, wie wir Seite 63 sahen, die Kenntnis des Brechungsexponenten erforderlich. Genauere Resultate erhält man mit Hilfe der sog. Zählkammern, die zur Auszählung von Teilchen in Flüssigkeiten dienen. Eine bestimmte Flüssigkeitshöhe ist bei diesen gegeben durch ein quadratisches Glasplättchen, das in der Mitte eine zylindrische Durchbohrung besitzt. Dieses Glasplättchen ist auf einen gut ebenen Objektträger aufgekittet. Auf dem Boden des so entstehenden niedrigen Hohlzylinders ist ein rundes Plättchen von etwas kleinerem Durchmesser als der Hohlraum aufgekittet, das auf der Oberfläche eine mit Diamant geritzte Quadratteilung trägt. Die Höhe dieses Plättchens ist bei den

Auszählung mikroskopischer Teilchen

meisten Zählkammern um genau 0,1 mm geringer wie die des Hohlzylinders, so daß beim Auflegen eines Deckglases auf diesen ein Raum von 0,1 mm Höhe abgegrenzt wird. Damit die Deckgläschen durch die verschiedene Adhäsion an der Flüssigkeit und am Glase sich nicht durchbiegen, werden sie besonders dick gewählt. Bei stärkeren Vergrößerungen, wo dies wegen des kleinen Objektabstandes der Objektive nicht zulässig ist, werden dünnere Deckgläschen benutzt, die gegen Durchbiegung durch einen aufgeklebten Glasring geschützt sind. Man kann auf diese Weise noch Deckgläschen bis zu 0,18 mm herunter benutzen. Da die Anzahl der weißen Blutkörperchen oder Leukocyten im Blut bedeutend geringer ist wie die der roten oder Erythrocyten, so ist es vorteilhaft, die Auszählung in verschieden großen Querschnitten vorzunehmen. Deshalb sind die gebräuchlichen Zählkammern, wie die nach Thoma oder Bürker, mit einer Netzteilung versehen, in der verschieden große Quadratfelder für das Auge leicht unterscheidbar abgegrenzt sind. Die roten Blutkörperchen werden in kleinen $1/400$ qmm großen Quadraten, die weißen in größeren gezählt. Wenn die Zahl der auszuzählenden Teilchen so groß ist wie im Blut, wo $4\frac{1}{2}-5$ Millionen Blutkörperchen auf 1 cmm Flüssigkeit kommen, so liegen die Partikelchen in der Zählkammer zu dicht oder überlagern sich sogar. Die Flüssigkeit muß deshalb mit einer geeigneten Flüssigkeit auf ein bekanntes Volumen verdünnt werden. Hierzu dienen genau kalibrierte Mischpipetten. Das Blut wird z. B. mit der Hayemschen Lösung 200fach verdünnt.

4. Winkelmessungen.

Besitzt das Mikroskop einen drehbaren Objekttisch, so können Winkelmessungen zwischen zwei Kanten eines Objektes ohne weiteres ausgeführt werden, wenn eine Kreisteilung auf dem Rand des Tisches aufgetragen ist, Abb. 33. Als feste Marke zur Einstellung der Kanten dient gewöhnlich der eine Faden eines Fadenkreuzes, das in der Ebene der Okularblende ausgespannt ist. Hat das Mikroskop einen festen Objekttisch, so lassen sich Winkel durch ein drehbares, mit Teilkreis und Fadenmarke versehenes Goniometer-Okular ausmessen.

V. Die Bestimmung der optischen Konstanten des Mikroskopes.

1. Die Messung der Brennweiten optischer Systeme.

Die Brennweiten der optischen Systeme des Mikroskopes werden von den optischen Werkstätten in ihren Verzeichnissen angegeben. Bei einer rationellen technischen Herstellung der Mikroskopoptik ist es nicht möglich, die Brennweiten mit mathematischer Genauigkeit einzuhalten. In den Fällen, wo der Mikroskopiker die Konstanten seiner Optik möglichst genau zu kennen wünscht, muß er imstande sein, die dazu nötigen Messungen selbst vorzunehmen.

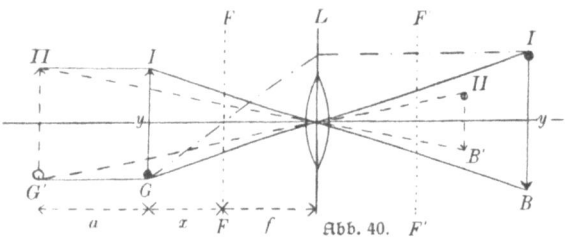

Abb. 40.

Bezeichnen wir in Abb. 40 die Strecke, welche auf der optischen Achse zwischen der Objektebene GI und der Brennebene FF liegt, mit x, das Objekt GI mit y und das Bild BI mit y', so gilt die Beziehung $\frac{y'}{y} = \frac{f}{x}$. Das Verhältnis $\frac{y'}{y}$ ist die durch das optische System bewirkte lineare Vergrößerung N des Objektes. Für eine bestimmte Objektstellung sei die reziproke Vergrößerung $\frac{1}{N_1} = \frac{x}{f}$. Vergrößern wir die Entfernung x auf $x + a$, vgl. $G'II$ in Abb. 40, so erhalten wir analog $\frac{1}{N_2} = \frac{x+a}{f}$. Aus beiden Gleichungen folgt $\frac{1}{N_2} - \frac{1}{N_1} = \frac{a}{f}$

oder
$$f = \frac{a}{\dfrac{1}{N_2} - \dfrac{1}{N_1}}.$$

Um die Brennweite eines Linsensystems zu ermitteln, hat man nach dieser letzten Gleichung nur nötig, bei feststehendem System die Vergrößerungen eines Objektes für zwei verschiedene, um eine gemessene Strecke a voneinander entfernte Stellungen zu bestimmen. Diese Methode eignet sich so-

Messung von Brennweiten

wohl für kleine wie auch für große Brennweiten. Die Bestimmung der Vergrößerung geschieht mittels eines Hilfsmikroskopes. Als solches kann der Okularauszug benutzt werden, in dessen unteres Ende man ein schwaches Objektiv 0 oder 1 einschraubt, und den man mit einem mittelstarken Mikrometerokular versieht. Nach der Beschreibung von Seite 61 stellt man ein für allemal den Mikrometerwert der Okularskala dieses Hilfsmikroskopes fest. Es sei gefunden $m = \frac{b}{k} \cdot 0{,}01$ mm.

Durch Unterlegen zweier gleich hoher Klötze erhöht man das Mikroskopstativ etwa 20—25 cm über die Fläche des Arbeitstisches. Das zu messende optische System wird, unter Zwischenfügen eines Objektträgers, möglichst zentriert auf den Objekttisch gebracht. Als Objektskala dient eine einfache Millimeterskala, welche am besten schwarze Striche auf hellem Grunde trägt. Diese Objektskala wird zunächst zwischen die beiden Klötze auf den Arbeitstisch gelegt, so daß die Mikroskopachse ungefähr auf der Mitte der Skala senkrecht steht. Nachdem Beleuchtungsspiegel und Kondensor zur Seite geklappt sind, hebt oder senkt man das Hilfsmikroskop mittels der Grobeinstellung oder nötigenfalls durch Verschieben des Auszuges so lange, bis die Striche der Millimeterskala zusammen mit den Strichen des Okularmikrometers scharf erscheinen. Um zu erkennen, ob das Bild der unteren Skala sich genau in der Ebene der Okularskala befindet, bewegt man das beobachtende Auge über dem Okular ein wenig hin und her. Bei richtiger Einstellung darf dabei keine Verschiebung der beiden Bilder gegeneinander stattfinden. Man sagt, Millimeterskala und Okularskala müssen ohne Parallaxe aufeinander eingestellt sein. Wir finden, s_1 Intervalle der Objektskala decken sich mit o_1 Intervallen der Okularskala. Die Vergrößerung beträgt also $N_1 = \frac{o_1}{s_1} \cdot m$, wo m der obige Mikrometerwert ist. Zur Verschiebung der Millimeterskala um eine konstante Strecke a benutzen wir ein Okular, etwa Nr. 1, dessen Länge wir genau mit einem Millimeterstab ermitteln. Wir entfernen die Objekt-Millimeterskala aus der vorigen Lage und bringen das Okular an ihre Stelle. Die Skala legen wir parallel zur ersten Lage auf das Okular und heben nun unser Hilfsmikroskop so weit, bis wieder parallaxenfreie Einstellung der beiden Skalen aufeinander erreicht ist. Wir erhalten als Vergrößerung jetzt $N_2 = \frac{o_2}{s_2} \cdot m$. Die gesuchte Brennweite

68   V. Die Bestimmung der optischen Konstanten des Mikroskopes

ist dann $\quad f = \dfrac{a}{\dfrac{1}{N_2} - \dfrac{1}{N_1}} = \dfrac{a}{\dfrac{1}{m}\left(\dfrac{s_1}{o_1} - \dfrac{s_2}{o_2}\right)} = \dfrac{m \cdot a}{\dfrac{s_1}{o_1} - \dfrac{s_2}{o_2}}$.

An Stelle des Okulars Nr. 1 können wir ein an beiden Enden gerade abgedrehtes Stück Messingrohr oder dgl. verwenden. Für kleine Brennweiten genügt eine Verschiebung a von 5—10 cm, für größere muß man entsprechend längere Rohre nehmen.

2. Bestimmung der Lage von Brennebenen.

Um mit Hilfe der gemessenen Brennweiten der Okulare und Objektive die Vergrößerung jeder Kombination berechnen zu können, muß die jeweilige optische Tubuslänge Δ bekannt sein. Diese ist gegeben, wenn wir die Lage der hinteren Brennebene des Objektives und der vorderen des Okulares kennen. Als Grundebene, von welcher aus wir die Entfernung der hinteren Brennebene des Objektives messen wollen, nehmen wir die Ebene des unteren Tubusrandes. Wir drücken gegen diesen Rand einen Objektträger an und befestigen ihn mit etwas Wachs in dieser Lage. Auf die Stäubchen an der Oberfläche des Objektträgers stellen wir das vorerwähnte Hilfsmikroskop (s. S. 67) ein. Die zugehörige Stellung z_0 des Hilfsmikroskopes lesen wir an der Teilung des Auszuges ab. Hierauf schrauben wir (nach Entfernen des Objektträgers) das Objektiv, bei welchem wir die Lage der hinteren Brennebene messen wollen, an seine gewöhnliche Stelle in das untere Tubusende ein. Das von einem entfernten Gegenstande (Schornstein, Baum) kommende Licht spiegeln wir mit Hilfe des Planspiegels bei ausgeschaltetem Kondensor in das Objektiv, welches ein Bild dieses Gegenstandes in seiner hinteren Brennebene entwirft. Wenn wir also unser Hilfsmikroskop auf dieses Bild parallaxenfrei einstellen, so erhalten wir eine tiefere oder höhere Einstellung z_1 wie vorher, je nachdem die Brennebene unterhalb oder oberhalb des unteren Tubusendes liegt. Die Differenz beider Einstellungen $\pm (z_0 - z_1)$ ist entsprechend zu der mechanischen Tubuslänge Δ_m zu addieren oder subtrahieren.

Um die untere Brennebene eines Okulars zu finden, bringen wir dieses mit der Augenlinse nach unten möglichst zentrisch auf den Objekttisch. Mit dem Hilfsmikroskop stellen wir dann nacheinander auf die Stäubchen an der unteren Fläche der Kollektivlinse (Einstellung z_2) und auf das durch das Okular entworfene Bild weit entfernter Gegen-

Feststellung der Brennebenen. Messung der Vergrößerung 69

stände (Einstellung z_3) ein. Die Differenz $z_3 - z_2$ ist von dem Abstand s der unteren Kollektivlinsenfläche von dem oberen Ende des Okularrohres abzuziehen, also $s - (z_3 - z_2)$. Da bei normalem Gebrauch dieses Ende mit dem oberen Ende des Auszuges zusammenfällt, so ist diese letzte Differenz die Entfernung der unteren Brennebene des Okulars vom oberen Tubusende. Die optische Tubuslänge erhalten wir jetzt zu $\Delta = \Delta_m \pm (z_0 - z_1) - [s - (z_3 - z_2)]$. Haben wir die Brennweiten eines Objektives und eines Okulares ermittelt, so können wir nach der Formel von S. 20 die Vergrößerung des Mikroskopes für diese optische Kombination berechnen.

3. Direkte Bestimmung der Vergrößerung eines Mikroskopes.

Auf Grund der Definition der Vergrößerung eines Mikroskopes als das Größenverhältnis zwischen dem im Mikroskop gesehenen Bilde und dem in deutlicher Sehweite befindlichen Objekt lassen sich die Vergrößerungszahlen auch direkt bestimmen. Man kann dies benutzen, um die durch Messung der Brennweiten und optischen Tubuslänge und anschließende Rechnung mit Hilfe der eben erwähnten Formel erhaltenen Werte zu kontrollieren oder auch, um die Vergrößerung ohne den Umweg über die anderen optischen Konstanten zu bestimmen. Die direkte Bestimmung der Vergrößerung verlangt den Vergleich der Größe eines Objektes von bekannten Ausmaßen mit einem in der Entfernung der deutlichen Sehweite befindlichen Vergleichsmaßstab. Wir stellen das Mikroskop (nach Herstellen der richtigen Tubuslänge Δm am Auszug) auf ein Objektmikrometer Om (Abb. 41) scharf ein. Das Mikrometer drehen wir so, daß die Striche von links nach rechts verlaufen, die Skala also in Richtung vorn hinten zu liegen kommt, wie dies in der Abb. 41 rechts unten zu sehen ist. Als Vergleichsmaßstab dient ein guter Millimeterstab M. Diesen legen wir parallel zu dem Objektmikrometer seitlich vom Mikroskop (etwa links) auf eine Unterlage von Holzklötzen oder Büchern. Die Höhe dieser Unterlage ist so zu wählen, daß der Millimeterstab von der Pupille des einen Auges (in unserem Fall also des linken) des in das Mikroskop hineinschauenden Beobachters genau um die normale deutliche Sehweite von 25 cm entfernt ist (l in Abb. 41). Während man nun mit dem einen Auge in das Mikroskop hineinsieht, blickt man gleichzeitig mit dem anderen nach dem Vergleichs=

70 V. Die Bestimmung der optischen Konstanten des Mikroskopes

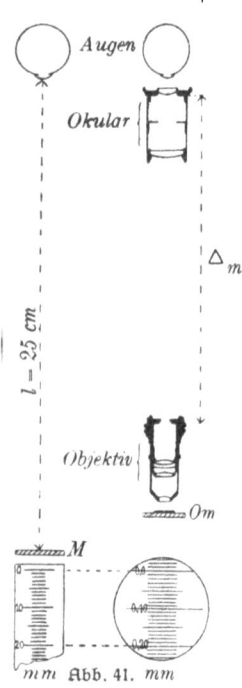

Abb. 41.

maßstab und findet, daß auf eine bestimmte Strecke von s_1 mm im Mikroskop s_2 mm des Vergleichsmaßstabes kommen. Die Vergrößerung ist dann $V = \frac{s_2}{s_1}$. In dem in Abb. 41 unten angedeuteten Beispiel fallen 20 mm des Vergleichsmaßstabes mit 0,20 mm des Objektmikrometers zusammen. Die Vergrößerung ist in diesem Falle also $\frac{20}{0,2} = 100 \times$. Voraussetzung für die Bestimmung ist, daß beide Augen des Beobachters ungefähr normal sind, sei es an sich oder durch Brillengläser korrigiert. Es ist vorteilhaft, den Vergleichsmaßstab ziemlich dicht an das Mikroskop heranzuschieben, weil man dann nach kurzer Übung es erreichen kann, daß das Gesichtsfeld des Mikroskopes fast unmittelbar in das Gesichtsfeld des frei blickenden Auges überzugehen scheint. Hierdurch wird die Beurteilung des Zusammenfallens der Teilstriche sehr erleichtert.

Etwas bequemer und auch bei mangelnder Übung sicherer auszuführen ist die vorige Methode bei Anwendung eines Zeichenapparates, z. B. desjenigen nach Abbe, welchen wir später beschreiben werden.

4. Messung der Aperturen der Mikroskopobjektive.

Wenn die Brennweite eines Objektives bekannt ist, so kann man seine numerische Apertur leicht durch eine kleine weitere Messung erhalten.

Es läßt sich nämlich zeigen, daß der Quotient aus dem halben Durchmesser ϱ des aus dem Objektiv austretenden Strahlenkegels in der hinteren Brennebene und der Brennweite f des Objektives gleich der numerischen Apertur A ist:

$$A = \frac{\varrho}{f}.$$

Man hat also nur den Durchmesser des austretenden Strahlenkegels nahe über der hinteren Objektivlinse bei voller Beleuchtung des Objektives zu

Aperturmessung. Abbesche Testplatte

messen und seinen halben Wert ρ durch ƒ zu dividieren, um die numerische Apertur zu erhalten. Zur Messung von 2ρ kann man sich des beschriebenen Hilfsmikroskopes bedienen. Bei Trockensystemen ist die Apertur der beleuchtenden Strahlen wenigstens gleich oder besser etwas größer zu machen wie die des Objektives. Es muß also ein Kondensor von mindestens gleicher oder höherer Apertur wie der der zu messenden Objektive vorhanden sein. Bei Immersionssystemen muß man, um den Durchmesser 2ρ zu finden, welcher der gewöhnlichen mikroskopischen Beleuchtung entspricht, auf ein in Balsam eingebettetes Präparat einstellen und dann das Präparat so verschieben, daß eine vom Objekt freie, mit Balsam erfüllte Stelle das ganze Gesichtsfeld einnimmt.

Will man die numerischen Aperturen unmittelbar messen, so bedient man sich am besten des Abbeschen Apertometers, das Aperturen von 0—1,5 etwa durch einfache Einstellung zweier Zeiger und Ablesung ihrer Stellung auf einer Skala zu messen erlaubt. Hierzu wird von der Zeißschen Werkstätte eine genaue Gebrauchsanweisung geliefert.

VI. Prüfung der Leistung eines Mikroskopes.

Die Leistungsfähigkeit eines Mikroskopes bei der Erschließung feiner Strukturen nähert sich um so mehr dem theoretischen Wert des Auflösungsvermögens, je besser die Strahlenvereinigung der Mikroskopoptik ist. Diese ist hauptsächlich von der Korrektion des Objektives abhängig. Die Prüfung der Objektivsysteme erstreckt sich 1. auf die Güte ihrer Korrektion und 2. auf das Auflösungsvermögen. Die erste Prüfung wird am besten mit Hilfe der Abbeschen Testplatte vorgenommen. Diese stellt ein künstliches Objekt dar, das durch Einreißen von Gruppen paralleler gerader Linien in eine undurchsichtige Silberschicht erhalten ist. Bei der neuesten Form ist die Silberschicht an der Unterseite eines langen, schmalen, in der Längsrichtung keilförmigen Deckglases niedergeschlagen. Die Abstände der einzelnen Linien sind so groß bemessen, daß sie mit den schwächsten mikroskopischen Vergrößerungen noch auflösbar sind. Das Bild, welches die Abbesche Testplatte bei stärkerer Vergrößerung unter dem Mikroskop bietet, ist in Abb. 42 wiedergegeben. Jeder Silberstreifen erscheint dabei als zackig begrenztes dunkles Band. Die Dicken des keilförmigen Deckglases sind in Intervallen von $1/100$ mm von etwa 0,09—0,24 mm direkt

VI. Prüfung der Leistung eines Mikroskopes

Abb. 42.

ablesbar auf dem Objektträger aufgetragen. Es sind also alle gebräuchlichen Deckglasdicken vertreten. Durch Verschieben der Testplatte unter dem Mikroskop kann man diejenige Deckglasdicke bestimmen, für welche die sphärische Abweichung eines Objektives am günstigsten korrigiert ist. Man erkennt diesen Fehler an nebligen Säumen und unscharfen Konturen an den dunklen Silberstreifen. Ferner muß bei guter sphärischer Korrektion die Scharfeinstellung des Mikroskopes auf einen durch die Mitte des Gesichtsfeldes gehenden Silberstreifen erhalten bleiben, wenn man von gerader zu schiefer Beleuchtung übergeht. Die Prüfung der chromatischen Korrektion geschieht durch Beobachten der Farbensäume, die bei schiefer Beleuchtung an den Silberstreifen auftreten. Bei Achromaten dürfen in der Mitte des Gesichtsfeldes nur schmale Säume des sekundären Spektrums in den Komplementärfarben hellgrün bis Apfelgrün auf der einen und Purpur bis Rosa auf der anderen Seite der Silberstreifen sichtbar werden. Im Falle mangelhafter chromatischer Korrektion treten andere Farben auf. Bei den Apochromaten dürfen in der Mitte des Gesichtsfeldes bei schiefer Beleuchtung auch die Farben des sekundären Spektrums nicht mehr auftreten. Die Prüfungen mit der Testplatte setzen außer einer hellen Beleuchtung die Anwendung starker Okulare voraus. Die schiefe Beleuchtung muß so gerichtet sein, daß die Neigung der Lichtstrahlen in einer zu der Richtung der Silberlinien senkrechten Ebene stattfindet. Wenn kein Abbescher Beleuchtungsapparat am Mikroskop vorhanden ist, kann man die schiefe Beleuchtung auch durch Verstellen des Beleuchtungsspiegels aus der optischen Achse hervorrufen.

Die Prüfung des Auflösungsvermögens geschieht durch künstliche oder natürliche Probeobjekte mit Strukturen von abgestufter Feinheit. Als künstliches Probeobjekt dient die Nobertsche Testplatte oder Nobertsches Gitter. Es besteht aus einer großen Zahl (etwa 10—30) von Liniengruppen, welche mit einem Diamanten, in von Gruppe zu Gruppe immer feiner werdenden Abständen, auf Glas gezogen sind. Man hat also in einem Nobertschen Gitter eine Skala von Objekten mit nahe linear steigender Auflösungsschwierigkeit. Durch Angabe der Nummer der noch aufgelösten Liniengruppe kann man danach das Auflösungsvermögen eines Objektives charakterisieren. Lei-

Benutzung von Abbescher Testplatte und Probeobjekten 73

der lassen sich die mit verschiedenen Probeplatten erhaltenen Resultate wegen der Verschiedenheit entsprechender Liniengruppen selbst nicht ohne weiteres miteinander vergleichen. Als aufgelöst ist eine Gruppe nur dann zu betrachten, wenn alle ihre Linien deutlich voneinander getrennt erscheinen. Eine Streifung, die durch das Hervortreten einzelner scharf gezogener Linien einer Gruppe verursacht wird, darf nicht als Auflösung dieser Gruppe angesehen werden.

Als natürliche Probeobjekte können sehr verschiedene Präparate dienen. Brauchbar ist jedes Objekt mit feiner hervorstechender Struktur, das dem Mikroskopiker besonders vertraut ist. Als allgemein anerkannte Probeobjekte geeignet sind z. B. Insektenschüppchen. Man nimmt dazu meist Schüppchen von Schmetterlingen, wie z. B. von Pieris brassicae (Kohlweißling). Weitere im Handel leicht erhältliche Probeobjekte sind die Kieselschalen der Diatomeen. Diese tragen feine Zeichnungen, welche sich als Systeme feiner paralleler Linien oder als Liniennetz darstellen. Diatomeenpräparate von steigender Feinheit der Zeichnung für Objektive verschieden hoher Apertur werden von den verschiedenen Instituten für Mikroskopie angefertigt. Die meist benutzten Diatomeen seien in folgender Tabelle aufgeführt.

Test-Diatomeen.

Art	Für Objektivsysteme von numer. Apertur		Brennweite mm	Streifenabstand in μ
	gerade Beleucht.	schiefe Beleucht.		
Navicula viridis	0.20	—	20—30	1.33
Pleurosigma balticum	0.45	0.40	6—12	0.70
,, angulatum	0.70—0.80	0.55—0.60	5—10	0.50
Surirella gemma a) Querstreifung, welche den Querrippen parallel geht	1.0	0.65	1,8—4	0.41
b) zarte Längsstreifen senkrecht zu den Querstreifen	1.25—1.40	1.0	1,4—2,5	0.30
Amphipleura pellucida, groß	—	1.15	2 etwa	0.25
,, ,, klein	—	1.25	1,8 etwa	0.24

VII. Hilfsapparate zum Mikroskop.
1. Lichtquellen.

Das von hellen weißen Wolken zerstreute Tageslicht ist für die meisten mikroskopischen Untersuchungen das idealste. Das blaue Himmelslicht verändert durch seine Färbung die Töne der gefärbten Präparate. Als künstliche Lichtquellen dienen Gaslicht oder elektrisches Glühlicht. Da die Lichtquellen durch den Kondensor in der Objektebene abgebildet werden, so erscheint die Struktur der glühenden, Licht aussendenden Oberfläche, also z. B. die Maschen des Glühstrumpfes oder die Fäden der Glühlampe, mit im mikroskopischen Bild. Es ist deshalb nötig, die Lichtquelle praktisch strukturlos zu machen. Dies geschieht bei Gasglühlicht durch Aufsetzen eines matt geschliffenen Zylinders oder durch Zwischenschalten einer Mattscheibe zwischen Mikroskop und Lampe. Bei Anwendung von elektrischem Licht benutzt man matte Glühbirnen. Das von der Lichtquelle nach oben unmittelbar in das Auge des Beobachters fallende Licht blendet man durch einen passend angebrachten Schirm ab.

Die künstlichen Lichtquellen enthalten im Verhältnis zum Tageslicht mehr Rot wie Blau. Um ihr Licht dem Tageslicht möglichst ähnlich zu machen, schaltet man ein schwach blau gefärbtes Kobaltglas ein. Ein solches Blaufilter läßt sich einfach und bequem in den Blendenträger des Abbeschen Beleuchtungsapparates einlegen.

2. Mechanische Nebenapparate.

a) Objektführapparate. Wie wir bei Beschreibung des Mikroskopes S. 46 gesehen haben, läßt sich an diesem Instrument mit Hilfe eines Kreuztisches das Absuchen von Präparaten mittels zweier senkrecht zueinander gerichteten Bewegungen mechanisch ausführen. Um eine mechanische Objektführung auch an solchen Mikroskopstativen ausführen zu können, welche nicht mit einem Kreuztisch ausgerüstet sind, kann man sich eines Objektführapparates bedienen, wie er in Abb. 43 abgebildet ist. Er wird mittels zweier Stifte in die Bohrungen des Objekttisches für die Tischfedern eingesetzt. Zwischen den Stiftlöchern wird eine Bohrung mit Gewinde in dem Objekttisch angebracht, in welche eine am Objektführapparat befindliche Schraube eingeschraubt wird. Durch Anziehen dieser Schraube wird der Apparat auf dem

Lichtquellen. Objektführapparate 75

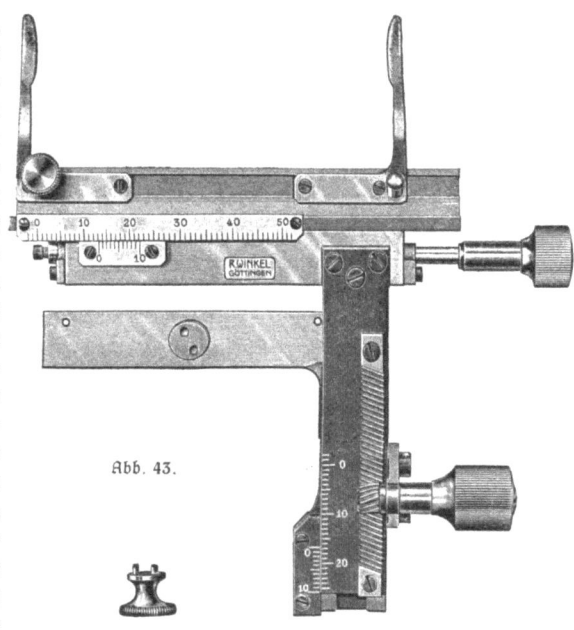

Abb. 43.

Tisch festgeklemmt. Die Objektträger werden mittels zweier Klammern (in der Abbildung oben links und rechts) von den schmalen Seiten her gehalten. Die eine dieser Klammern (links), welche durch Anziehen einer Schraube festgeklemmt werden kann, dient als Anschlag, gegen welchen die eine Schmalseite des Objektträgers angelegt wird. Die andere Klammer kann durch einfaches Verschieben gegen die andere Schmalseite des Objektträgers gepreßt werden. Zwei an dem Objektführapparat angebrachte Teilungen mit Nonien erlauben, den Apparat in ähnlicher Weise wie den Kreuztisch als Finder zu benutzen. Die Anschlagklammer ist zu diesem Zweck immer in dieselbe Stellung zu bringen, bzw. in dieser Stellung zu belassen. Um eine bestimmte Stellung dieser Klammer für Objektträger einer Größe leicht und sicher wiederfinden zu können, markiert man sich die Mitte eines Objektträgers der fraglichen Größe durch ein eingeritztes Kreuz. Man braucht dann die Anschlagklammer bei anliegendem Objektträger nur so weit zu versetzen, daß das Kreuz in der Mitte des Gesichtsfeldes erscheint. Bei manchen Objektführungen ist die Stellung der Anschlagklammer durch eine besondere dritte Skala und Nonius genau ablesbar. Ist der Objektführapparat auf einem zentrierbaren Drehtisch befestigt, so ist bei Aufsuchung einer gewünschten Objektstelle mit Hilfe der Skalen der Drehtisch jedesmal genau zu zentrieren. Hierzu kann man einen beliebigen hervorstechenden Präparatpunkt benutzen. Man verrückt den ins Auge gefaßten Punkt so lange, bis er beim Drehen des Tisches keinen Kreis mehr beschreibt, sich also im Ruhepunkt des Drehtisches befindet. Durch Verstellen der Zentrierschrauben bringt man dann den so eingestellten Punkt in die Mitte des Gesichtsfeldes.

b) Okular=Schraubenmikrometer. Bei den Mikrometerokularen ist man für die Messung der feinsten Unterabteilungen des Millimeters auf eine Schätzung der Intervalle angewiesen. Zur Ausführung sehr genauer Messungen kann man an Stelle eines Okularmikrometers ein Okular=Schraubenmikrometer anwenden. Bei diesem geschieht die Messung durch eine feine Schraube, deren ganze Umdrehungen durch eine Skala, und deren Teilumdrehungen durch eine geteilte Trommel abgelesen werden können. Die Schraube bewegt einen mit einem länglichen Ausschnitt versehenen Schlitten, der ein Fadenkreuz trägt. Dieses wird nacheinander auf den Anfangs= und Endpunkt einer zu messenden Strecke eingestellt und die zugehörigen Einstellungen der Schraube voneinander abgezogen. Die Differenz ergibt die Länge der Strecke zunächst in Einheiten der Schraubenumdrehung. Um die wahre Länge zu finden, muß man in derselben Weise wie beim Okularmikrometer den wahren Wert einer Schraubenumdrehung mit Hilfe eines Objektmikrometers ermitteln. Mit dem erhaltenen Faktor ist die in Einheiten der Schraubenumdrehung ausgedrückte Länge zu multiplizieren.

3. Optische Nebenapparate.

a) Polarisationsvorrichtung, Untersuchungen optisch anisotroper Stoffe. Fällt ein Strahl natürlichen Lichtes, das im allgemeinen transversale Schwingungen in fortwährend wechselnden Richtungen ausführt, durch eine aus Kalkspat hergestellte und Nicolsches Prisma oder einfach Nicol genannte Vorrichtung (Abb. 44), so erweist er sich beim Wiederaustritt als seitenverschieden oder polarisiert. Dies erkennt man, wenn man den austretenden Strahl nach Durchgang durch ein zweites Nicol ins Auge gelangen läßt. Dreht man nämlich dieses zweite Nicol um den Lichtstrahl rt als Achse von $0-360^0$, so erscheint das Gesichtsfeld in zwei diametralen Stellungen dunkel und in zwei hiervon um 90^0 verschiedenen Stellungen hell. Der Übergang von Dunkel zu hell findet dabei während des Drehens allmählich statt. Das erste Nicol wählt aus den Schwingungen des natürlichen Lichtes nur solche aus, welche parallel zu der langen Diagonale ss seiner

Okularschraubenmikrometer. Untersuchungen im pol. Licht

Endflächen schwingen (Abb. 44 unten). Alle anderen Schwingungsrichtungen werden nicht hindurchgelassen. Daß tatsächlich eine entsprechende seitliche Änderung des Lichtstrahles stattfindet, wird durch sein oben erwähntes Verhalten nach dem Passieren des zweiten Nicols bewiesen. Die transversal in einer bestimmten Richtung schwingenden Lichtwellen aus dem ersten Nicol werden nur dann vollkommen durchgelassen, wenn seine Schwingungsebene parallel zu der des ersten, nicht dagegen, wenn diese Ebene senkrecht dazu steht. Aus der Möglichkeit der Erzeugung von polarisiertem Licht folgt, wie schon früher erwähnt, daß die Lichtschwingungen nicht longitudinal, sondern transversal sind. Das zur Herstellung des polarisierten Lichtes dienende Nicol wird Polarisator, das zur Prüfung dieses Lichtes dienende Nicol Analysator genannt. Sind beide Vorrichtungen zueinander in Dunkelstellung, so sagt man, die Nicols seien gekreuzt.

Abb. 44.

Die Untersuchung zwischen gekreuzten Nicols spielt eine große Rolle für alle anisotropen Körper, d. h. für solche Körper, in welchen das Licht sich, im Gegensatz zu den isotropen Körpern, in verschiedenen Richtungen ungleich schnell fortpflanzt. Diese Eigenschaft äußert sich unter anderem darin, daß jede Lichtwelle beim Hindurchtreten durch einen anisotropen Körper in zwei Wellen mit senkrecht zueinander stehenden Schwingungsrichtungen zerlegt wird. Es entstehen also aus einer einfachen eintretenden Welle zwei austretende, welche senkrecht zueinander polarisiert sind. Bringt man isotrope Körper zwischen gekreuzte Nicols, so bleibt das Gesichtsfeld immer dunkel, wie man die Körper auch drehen mag. Anisotrope Körper lassen das Gesichtsfeld unter den gleichen Umständen nur dann dunkel, wenn ihre Schwingungsrichtungen parallel zu denen der Nicols liegen. Dreht man einen solchen anisotropen Körper mit Hilfe eines Drehtisches so, daß seine Schwingungsrichtungen schief zu denen der Nicols laufen, so wird das Gesichtsfeld aufgehellt. Jede der beiden aus der Polarisatorwelle im Körper entstehenden, senkrecht zueinander polarisierten Lichtwellen erfährt im Analysator eine abermalige doppelte Zerlegung, wobei die senkrecht zur Schwingungsebene des Analysators liegenden Komponenten sich gegenseitig vernichten, die parallel dazu schwingenden austreten. Diese zuletzt austretenden Wellen haben in dem anisotropen Körper verschiedene Lichtgeschwindigkeit angenommen und

kommen deshalb im Analysator mit einem bestimmten Wegunterschied an. Da sie in derselben Richtung schwingen, interferieren sie. Bei Beleuchtung mit weißem Licht werden durch die Interferenz immer solche Farben vernichtet, welche mit einer Phasendifferenz von einer halben Wellenlänge zusammentreffen. Alle anderen Farben hingegen können austreten und addieren sich zu einer bestimmten Mischfarbe. **Anisotrope Körper zeigen daher zwischen gekreuzten Nicols im allgemeinen bestimmte Farben.** Diese sog. **Interferenzfarben** ändern sich mit den physikalischen Eigenschaften der Körper, so daß aus der Art der Farben ganz bestimmte Schlüsse auf den Zustand wie auf die Struktur solcher Körper gemacht werden können. Polarisator und Analysator können als Zusatzapparate zu jedem Mikroskop bezogen werden, um nötigenfalls mikroskopische Untersuchungen im polarisierten Licht, meist zwischen gekreuzten Nicols, anstellen zu können. Die Untersuchungen im polarisierten Licht werden bis jetzt in der Histologie der Tiere und Pflanzen nur wenig angewandt, sie spielen dagegen eine ganz hervorragende Rolle in der **Mineralogie bei der Untersuchung von Kristallen und in der Petrographie bei der Untersuchung von kristallinen Gesteinen.**
Weiteres siehe Kapitel XV, 5.

b) Oberflächenbeleuchtung, Untersuchung undurchsichtiger Objekte. Will man mit dem Mikroskop undurchsichtige Objekte untersuchen, z. B. die Oberfläche einer Münze oder das Fazettenauge der Stubenfliege, so reicht für schwache Vergrößerungen meist das gewöhnliche auffallende Licht zur Objektbeleuchtung aus. Bei Anwendung starker Vergrößerungen muß das Objektiv dem Präparat aber so sehr genähert werden, daß nur wenig ganz schräg auffallendes Licht auf das Objekt fallen und kaum etwas davon ins Objektiv gelangen kann. Man muß sich dann eines besonderen Beleuchtungsapparates bedienen, der Licht in annähernd senkrechter Richtung von oben her auf das **opake, d. h. undurchsichtige Objekt**, fallen läßt. Solche Beleuchtungsapparate nennt man **Opak-** oder **Vertikalilluminatoren**. Sie werden in zwei verschiedenen Arten angefertigt, welche in einer Rohrfassung zwischen das untere Ende des Mikroskoptubus und das Objektiv eingefügt werden. Bei der einen Art (Abb. 45) dient zur Beleuchtung des Objektes ein kleines **totalreflektierendes Prisma**, das die Hälfte des Tubusquerschnittes bedeckt. Das Licht fällt durch eine seitliche Öffnung der Illuminatorfassung auf das Prisma und wird von

Interferenzfarben. Vertikalilluminatoren

dessen Hypotenusenfläche durch das Objektiv hindurch auf das Objekt geworfen. Siehe die gestrichelten Strahlen in Abb. 45. Die das Objekt abbildenden Strahlen gelangen durch die vom Prisma freie Objektivhälfte zum Okular. Vgl. die ausgezogenen Strahlen in der Abbildung. Die Beleuchtung des Präparates ist am günstigsten, wenn die obere Linse des Objektives möglichst nahe an das Prisma herantritt. Deshalb werden die stärkeren Objektive für Beobachtung bei Oberflächenbeleuchtung in kurze Fassungen eingesetzt. Sind die Präparate mit Deckglas versehen, so treten an diesen bei Benutzung von Trockensystemen störende Reflexe auf. Die Deckgläser müssen deshalb vermieden werden. Da die gewöhnlichen Objektive auf eine bestimmte Deckglasdicke korrigiert sind, so ergibt sich die Notwendigkeit, für diese Fälle die stärkeren Objektive zur Benutzung ohne Deckglas zu korrigieren. Zur Beobachtung im durchfallenden Licht an mit Deckglas bedeckten Präparaten sind solche Objektive dann nicht brauchbar. Bei Benutzung von homogenen Immersionen fällt der Deckglasreflex fort. Die einseitige Bedeckung des Tubusquerschnittes durch das Prisma verursacht natürlich einen Lichtverlust und eine Abblendung einzelner Beugungsmaxima in der hinteren Brennebene des Objektives. Hierdurch tritt, besonders bei starken Systemen, eine Verminderung des Auflösungsvermögens ein. Dies wird vermieden durch Anwendung eines dünnen, planparallelen Glasplättchens, das an Stelle des Prismas das Licht auf das Präparat reflektiert. Ein solches Glasplättchen reflektiert nur einen Teil der auffallenden Lichtstrahlen. Da es aber den ganzen Strahlenquerschnitt symmetrisch ausfüllt, können alle abbildenden Strahlen durch das Plättchen hindurch und zum Auge gelangen. Siehe Abb. 46, wo die beleuchtenden Strahlen wieder gestrichelt, die abbildenden ausgezogen dargestellt sind. Es ist wichtig, daß der beleuchtete Teil des Präparates nicht größer ist wie das objektive Sehfeld. Man bildet hierzu im Präparat nicht unmittelbar die Lichtquelle selbst, sondern die Oberfläche einer zwischen Lichtquelle und

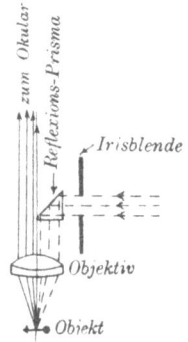

Abb. 45.

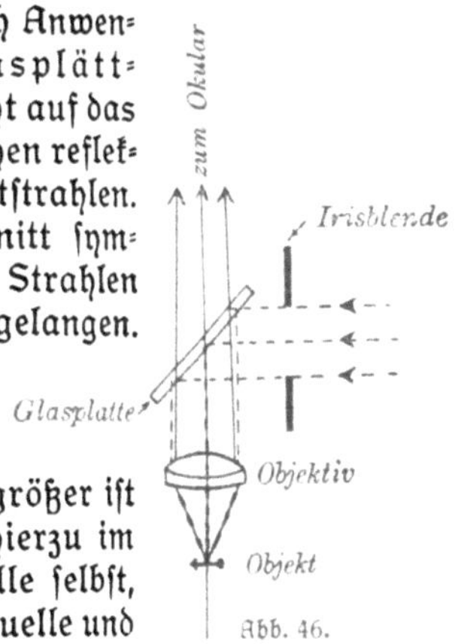

Abb. 46.

Vertikalilluminator aufgestellten Beleuchtungslinse mit Irisblende ab. Durch Verstellen der Irisblende läßt sich dann die Größe des beleuchteten Gesichtsfeldes regeln. Um die Kontraste im Präparat möglichst günstig abzustimmen, kann die Apertur der beleuchtenden Strahlen durch eine unmittelbar vor dem Vertikalilluminator angebrachte Irisblende verändert werden (Abb. 45 u. 46).

c) **Zeichenokulare und Zeichenapparate. Das Zeichnen mikroskopischer Objekte.** Um die Beobachtungen, welche man mit dem Mikroskop anstellt, dem Gedächtnis einzuprägen, oder anderen mitzuteilen, werden die mikroskopischen Bilder nachgezeichnet. Dies läßt sich zunächst ohne besondere Apparate dadurch leicht ermöglichen, daß man mit dem linken Auge ins Mikroskop hineinsieht und gleichzeitig mit dem rechten auf eine rechts vom Instrument liegende Zeichenfläche. Bei einiger Übung im Zeichnen gelangt man so zu einer recht guten Wiedergabe vieler Objekte. Diese Methode ist besonders zur Schulung von Anfängern im systematischen mikroskopischen Beobachten zu empfehlen. Für die zeichnerische Wiedergabe von komplizierteren Strukturen und für Zeichnungen von möglichst objektiv wissenschaftlichem Wert sind besondere Vorrichtungen ersonnen worden, welche das Bild der Zeichenfläche in das mikroskopische Bild hineinprojizieren, so daß der unmittelbar im Gesichtsfeld des Mikroskopes sichtbare Zeichenstift bequem den Konturen des Objektes nachgeführt werden kann. Die einfachste Vorrichtung, welche diese Aufgabe löst, ist das **Zeichenprisma**. Ein solches Prisma (siehe Abb. 47) wird so über dem Okular angebracht, daß die Austrittspupille des Mikroskopes oder der Augenkreis von der einen Prismenkante gerade halbiert wird. Durch die vom Prisma freie Hälfte des Augenkreises sieht man dann das mikroskopische Objekt und durch doppelte Totalreflexion an zwei Flächen des Zeichenprismas die Zeichenfläche. Da bei stärkeren Vergrößerungen das Bild gegen die Zeichenfläche sehr dunkel und matt erscheint, läßt man das von dieser kommende Licht durch passend abgestufte, auswechselbare Rauchgläser gehen, um die Helligkeit von Bild und Zeichenpapier in Einklang zu bringen. Die Zeichenfläche muß senk-

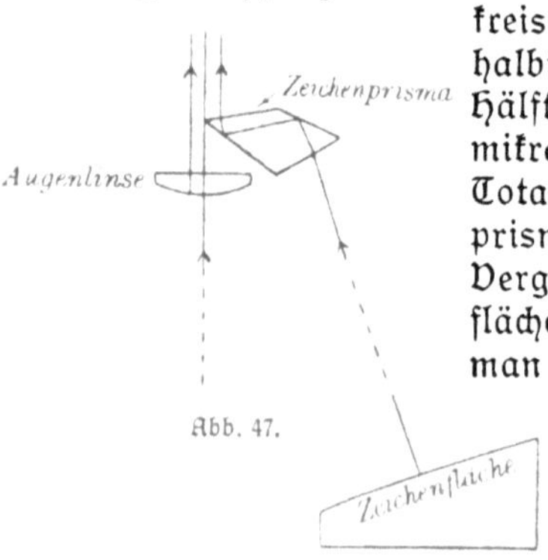

Abb. 47.

Das Zeichnen mikroskopischer Bilder

recht zu den austretenden Zentralstrahlen liegen. Je nach der Konstruktion des Zeichenprismas sind diese Strahlen etwa 25—45° gegen die Vertikale geneigt. Dementsprechend ist auch die Zeichenfläche um denselben Winkel gegen die Horizontale zu neigen (Abb. 47). Anstatt die Zeichenfläche zu neigen, kann man das Mikroskop auch mit Hilfe der Kippe in eine schräge Lage bringen und auf horizontal liegender Fläche zeichnen. Die Zeichenfläche würde hierbei hinter das Mikroskop zu liegen kommen. Man dreht daher das Mikroskop um 90° gegen die gewöhnliche Stellung, so daß die Neigungsebene parallel zur Front des Beobachters und die Zeichenfläche nach rechts verlegt wird. Okulare, an welchen ein Zeichenprisma fest angebracht ist, werden unter dem Namen Zeichenokulare hergestellt.

Da das Zeichenprisma nur die halbe Austrittspupille frei läßt, so bewirkt es eine Verminderung der Bildhelligkeit, die besonders bei starken Vergrößerungen ins Gewicht fällt. Diese Nachteile werden vermieden durch den Abbeschen Zeichenapparat. Die Übereinanderlagerung von Bild und Zeichenfläche wird hier durch das Abbesche Würfelchen (Abb. 48 A) in Verbindung mit einem großen Spiegel SP erreicht. Dieses Würfelchen besteht aus zwei rechtwinkligen, mit der Hypotenusenfläche zusammengekitteten Glasprismen. Das obere Prisma ist auf der Hypotenusenfläche mit einem Silberbelag sp versehen, von welchem in der Mitte ein ellipsenförmiger Teil von etwa 1—2 mm kleinstem Durchmesser weggenommen ist. Diese Öffnung, welche sich dem Auge als Kreis projiziert, ist groß genug, daß die ganze Austrittspupille des Mikroskopes frei bleibt. Das von der Zeichenfläche kommende Licht wird durch Reflexion an dem großen in der Neigung verstellbaren Spiegel SP und durch weitere Reflexion an dem Silberbelag sp in das Auge geworfen. Zur Abstufung der Helligkeit der Zeichenfläche gegen das mikroskopische Bild sind zwei Sätze von Rauchgläsern auswechselbar angebracht. Der eine Satz R_1 reguliert die Helligkeit des mikroskopischen Bildes, der andere R_2 diejenige der Zeichenfläche. Um bei starken Vergrößerungen das mikroskopische Bild voll auf die Zeichen-

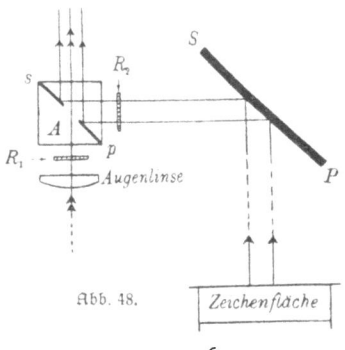

Abb. 48.

fläche zu bekommen, ist hier die Neigung des großen Spiegels entsprechend zu verändern. Dann muß auch die Zeichenfläche gegen die Horizontale wieder so geneigt werden, daß der Zentralstrahl auf ihr senkrecht steht. Will man die auf Seite 69 beschriebene Bestimmung der Vergrößerung des Mikroskopes mit Hilfe eines Abbeschen Zeichenapparates ausführen, so ist zu beachten, daß die Summe der Entfernungen zwischen Auge und sp, zwischen sp und SP und zwischen SP und Zeichenfläche gleich der deutlichen Sehweite sein muß.

d) Vorrichtungen zur Umkehrung des mikroskopischen Bildes. Der Umstand, daß das mikroskopische Bild eine umgekehrte Lage hat wie das Objekt, ist hinderlich, wenn man an diesem irgendwelche Eingriffe vornehmen will. Alle Bewegungen, die man mit der Präpariernadel oder einem anderen Werkzeug machen muß, sind in umgekehrter Richtung wie gewöhnlich auszuführen. Obgleich man durch Übung sich bald hieran gewöhnt, ist es in vielen Fällen doch vorzuziehen, das Bild durch Spiegelung in die richtige Stellung zu bringen. Eine leicht auf jedes Okular aufsetzbare Vorrichtung, welche diesen Zweck erfüllt, ist das bildumkehrende Prisma, welches von Nachet nach Amicis Vorschlägen konstruiert ist. Hierbei wird durch mehrfache Spiegelung das mikroskopische Bild in die natürliche Lage gebracht. Die Zentralstrahlen verlassen das Prisma mit $30°$ Neigung zur Vertikalen, so daß der Kopf des Beobachters eine bequeme Haltung annehmen kann. Außer diesem Prisma kann zur Umkehrung des mikroskopischen Bildes auch das Porrosche Prismensystem benutzt werden, welches bei den binokularen Prismenfeldstechern zur Aufrichtung des Bildes benutzt wird.

e) Beleuchtungseinrichtung für einfarbiges Licht. Zur Untersuchung von mikroskopischen Präparaten in einfarbigem oder monochromatischem Licht dienen Monochromatoren, die das weiße Licht, bevor es auf den Beleuchtungsspiegel fällt, spektral zerlegen. Durch einen verstell- und verschiebbaren Spalt kann man aus dem Spektrum die gewünschte Farbe ausblenden und mit dem Beleuchtungsspiegel in das Mikroskop reflektieren. Für die Mikrophotographie werden, zur Erzielung kontrastreicher Bilder aus Farblösungen, oder gefärbten Platten bestehende Filter angewandt.

f) Das Spektralokular. Die Beobachtung von Absorptionsspektren mikroskopischer Objekte kann durch ein Spektralokular geschehen. Bei einem solchen Okular befindet sich in in der Blendenebene ein Spalt,

Umkehrprismen. Einfarbiges Licht. Bildumkehrendes Mikroskop 83

der sowohl in seiner Breite wie in seiner Länge verstellbar ist. Mittels dieses Spaltes kann die zu untersuchende Objektstelle vollkommen herausgeblendet werden. Nach Einschalten eines geradsichtigen Prismas über dem Okular erblickt man dann das Absorptionsspektrum der ausgeblendeten Stelle.

VIII. Das bildumkehrende Mikroskop.

Zur Beobachtung von mikroskopischen Objekten in natürlicher Stellung sind außer dem erwähnten bildumkehrenden Prisma besondere Mikroskope gebaut worden, bei denen die bildaufrichtende Vorrichtung zwischen Objektiv und Okular eingeschaltet wird. Als solche Vorrichtung dient das schon erwähnte Porrosche Prismensystem, bei welchem durch vierfache Spiegelung eine vollständige Bildumkehr erreicht wird. Das bildumkehrende Mikroskop wird für Beobachtung mit einem wie auch mit beiden Augen ausgeführt. Beide dienen zur Ausführung von Präparationen an mikroskopischen Objekten und letzteres insbesondere zu Untersuchungen und Demonstrationen an körperlichen mikroskopischen Gegenständen wie Foraminiferen, Radiolarien, kleinen Insekten, Kristallen usw. Das zur Beobachtung mit beiden Augen hergerichtete Mikroskop führt den Namen binokulares Mikroskop (Abb. 49). Es besteht aus zwei getrennten, vollständigen Mikroskopen, deren optische Achsen unter einem bestimmten Winkel gegeneinander geneigt sind. Hierdurch wird erreicht, daß genau wie beim gewöhnlichen Stereoskop das Objekt in zwei etwas verschiedenen Stellungen gesehen wird und hierdurch dem Auge körperlich erscheint. Der Abstand der Okulare kann bei dem binokularen Mikroskop für alle normalen Augenabstände zwischen 56 und 76 mm beliebig eingestellt werden.

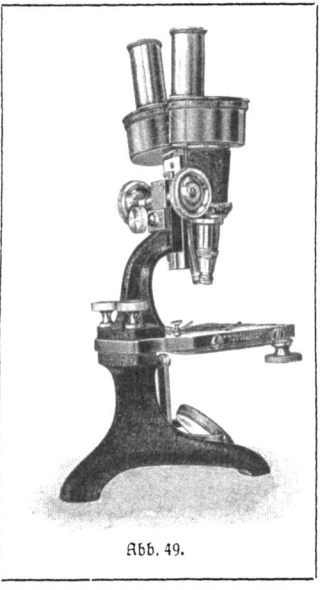

Abb. 49.

6*

IX. Dunkelfeldbeleuchtung.

Die Beleuchtung der mikroskopischen Präparate nach den bisher beschriebenen Methoden ergibt immer dunkle Bilder auf hellem Grund, wobei die Einzelheiten durch Brechungs- oder Absorptionsunterschiede sichtbar werden. Die Beleuchtung läßt sich aber auch so einrichten, daß gar kein direktes Licht vom Kondensor, sondern nur das vom Objekte abgebeugte Licht in das Objektiv eintreten kann. Zu diesem Zweck muß das Hauptmaximum der Beugungsbilder in der hinteren Brennebene des Objektives von der Abbildung und Beleuchtung ausgeschlossen werden, d. h. alles unmittelbar durch geradlinige Fortpflanzung aus dem Kondensor in das Objektiv eintretende Licht muß abgeblendet werden, so daß das mikroskopische Bild ausschließlich durch die Zusammenwirkung der im Objekt abgebeugten Strahlen entsteht.

Die Beleuchtung geschieht also mit Strahlen der numerischen Apertur $A_k - A_0$, wenn wie früher, A_k die numerische Apertur des Kondensors und A_0 die numerische Apertur des Objektives bedeutet. Wir haben dann den Fall der Seite 45 mitgeteilten Formel $a = \dfrac{\lambda}{A_0 + A_k}$, daß $A_k > A_0$ wird. Da A_0 im vorliegenden Fall den Wert 1 in der Praxis nicht überschreiten kann, so kann der Wert der Summe $A_0 + A_k$ niemals größer werden wie bei der Hellfeldbeobachtung. Eine Steigerung des Auflösungsvermögens des Objektives ist also auf diesem Wege nicht zu erzielen.

Man nennt diese Art der Beobachtung Beobachtung im Dunkelfeld und die hierzu erforderliche Beleuchtungsart Dunkelfeldbeleuchtung. Da nämlich kein direktes Licht in das Objektiv eintreten kann, erscheint der Untergrund im Gesichtsfeld dunkel.

Ohne weitere Hilfsmittel läßt sich die Beobachtung im Dunkelfeld ermöglichen mit dem Abbeschen Beleuchtungsapparat. Hierzu hat man die ziemlich eng zugezogene Irisblende so weit seitlich aus der optischen Achse des Mikroskopes heraus zu verstellen, bis die Neigung der schief einfallenden Büschel die der in das Objektiv eintretenden Randstrahlen übertrifft. Siehe Abb. 50, wo das abbildende Büschel gestrichelt schraffiert ist. Zur praktischen Herstellung dieser Beleuchtungsart entfernt man das Okular und beobachtet das in der hinteren Brennebene des Objektives erscheinende runde Bild der fast zugezogenen Irisblende. Die seitliche Verschiebung dieses Bildes ist dann so weit zu treiben, daß es gerade ganz hinter

Dunkelfeld durch Abblendung

dem Rande der Objektivblende verschwindet (vgl. Abb. 50 unten). Recht einfach läßt sich auch eine Dunkelfeldbeleuchtung erreichen, wenn man zentrisch unter dem Abbeschen Kondensor eine runde Metallscheibe mit freier Randzone, eine sog. Sternblende (Abb. 52) von solcher Größe befestigt, daß nur Strahlen höherer Apertur austreten können, als sie das Mikroskopobjektiv besitzt. Diese Art der Dunkelfeldbeleuchtung ist in Abb. 51 schematisch dargestellt, wo die beleuchtenden Strahlen eine ringförmige Zone ausfüllen und das abbildende, durch gestrichelte Schraffierung hervorgehobene Strahlenbüschel innerhalb dieser Zone liegt.

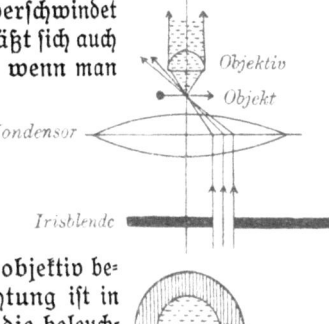

Abb. 50.

Man kann eine solche Sternblende geeigneter Größe schon unter den am meisten verbreiteten zweifachen Kondensoren der numerischen Apertur 1,2 anbringen. Beobachtet man nur mit Objektiven von geringerer numerischer Apertur als 0,7, so können die aus dem Kondensor in Luft austretenden Strahlen von der Apertur 1,0—0,7 etwa zur Beleuchtung dienen. Um eine größere Intensität der Dunkelfeldbeleuchtung zu erzielen, muß man den Strahlen von höherer numerischer Apertur als 1,0 durch Zwischenfügen eines Mittels von höherer Brechung als Luft den Austritt aus dem Kondensor und den Eintritt in das Präparat ermöglichen. Man benutzt hierzu am einfachsten destilliertes Wasser, das blasenfrei zwischen Kondensor und Objektträger eingefügt wird. Die Technik dieser Dunkelfeldbeleuchtung ist dieselbe wie wir sie im folgenden bei dem dreifachen Kondensor beschreiben werden.

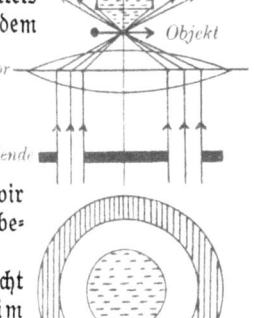

Abb. 51.

Eine nur durch Totalreflexion entstehende, recht helle Dunkelfeldbeleuchtung läßt sich beim dreifachen Abbeschen Kondensor von der numerischen Apertur 1,4 verwirklichen. Durch eine Sternblende, Abb. 52, werden hier alle beleuch=

IX. Dunkelfeldbeleuchtung

tenden Strahlen bis zur numerischen Apertur 1,1 abgeblendet. Zur Beleuchtung dienen die durch die äußere ringförmige Zone des Kondensors (entsprechend Abb. 51) im Aperturintervall von 1,1—1,4 eintretenden Strahlen. An jeder Grenze Glas gegen Luft werden die Strahlen dieser Neigung total reflektiert. Damit diese Totalreflexion nicht schon vor dem Eintritt in das Präparat stattfindet, und die Strahlen also aus dem Kondensor überhaupt aus- und in das Präparat eintreten können, müssen alle Lufträume zwischen Kondensoroberfläche und Deckglas mit einem Mittel von höherem Brechungsexponenten ausgefüllt sein. Das Präparat selbst muß also entweder in Wasser oder in einem Mittel noch höherer Brechung liegen. Im ersten Fall genügt zur Verbindung des Kondensors mit dem Objektträger ebenfalls Wasser, im zweiten Fall wendet man Zedernholzöl an. Der Flüssigkeitstropfen muß möglichst blasenfrei auf die Oberfläche des etwas gesenkten Kondensors gebracht werden, worauf der Kondensor durch vorsichtiges Heben ebenfalls blasenfrei mit dem Objektträger in Berührung gebracht wird. Die nun in das Präparat eintretenden Lichtstrahlen werden an der Grenze Deckglas gegen Luft alle total reflektiert und können also nicht in das Objektiv gelangen. Solange demnach das Objekt aus einem homogenen Mittel von konstantem Brechungsexponenten besteht, erscheint das Gesichtsfeld vollkommen dunkel. Sowie aber Inhomogenitäten im Präparat vorliegen, wie es meist der Fall ist, tritt infolge von Brechungs- und Absorptionsunterschieden eine Zerstreuung und Beugung des Lichtes nach allen Seiten ein. Der Teil der abgebeugten Strahlen, welcher in dem Aperturbereich von 0--1 liegt, kann durch das Deckglas austreten und, soweit wie es die Apertur des Objektives zuläßt, in das Mikroskop gelangen. Die Objekte werden also gleichsam selbstleuchtend und erscheinen hell auf dunklem Grunde. Man nennt diese Art der Abbildung positive Abbildung oder Abbildung im Dunkelfeld. Sie hat vor der negativen Abbildung oder Abbildung im Hellfeld den Vorzug, daß sie das Auge weniger ermüdet. Auch fehlen im Dunkelfeld die sog. entoptischen Erscheinungen, welche bei Beobachtung mit starker Vergrößerung im Hellfeld unangenehm stören. Unter diesen entoptischen Erscheinungen versteht man schlangenförmige Figuren, die in stetem Wechsel durch das Gesichtsfeld ziehen. Es sind dies die Schatten, welche

Abb. 52.

Dunkelfeld durch Totalreflexion

von den Schlieren der Augenflüssigkeiten auf die Netzhaut geworfen werden.

Um die Beobachtung im Dunkelfeld möglichst günstig zu gestalten, ist es wichtig, daß ein starker Kontrast zwischen den helleuchtenden Teilchen und dem dunkleren Untergrund besteht. Deshalb ist dafür zu sorgen, daß bei ausreichend hellem Leuchten der Teilchen der Untergrund so schwarz wie möglich erscheint. Dieser wird aber durch die zahlreichen Reflexe, welche sowohl zwischen den drei Linsen des Abbeschen Kondensors als auch zwischen den noch zahlreicheren Linsen des

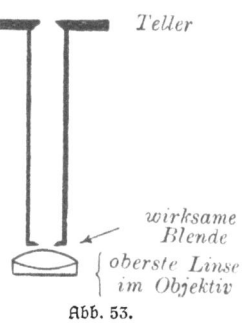

Abb. 53.

Objektives entstehen, mit einem hellen Schleier überflutet. Zur Beseitigung dieses Übelstandes blendet man alle Objektive auf die Apertur 0,8 ab. Hierzu dienen die **Einhängeblenden**. Dies sind zylindrische Röhren, welche an ihrem unteren Ende eine kreisförmige Blende und am oberen Ende einen tellerförmigen Ansatz tragen (Abb. 53). Die zu jedem Objektiv gehörige Blende ist so abgestimmt, daß beim Auflegen des Tellers auf die Objektivblende die wirksame ringförmige Blende unmittelbar über der hinteren Objektivlinse sitzt (vgl. die Abbildung). Die Öffnung dieser Blende ist so berechnet, daß alle Strahlen von größerer Apertur als 0,8 abgefangen werden. **Alle Trockensysteme von größerer als der genannten Apertur sind zur Beobachtung im Dunkelfeld also mit passenden Einhängeblenden zu versehen.**

Die Methode der Dunkelfeldbeleuchtung erfordert meist künstliches Licht. Sie gibt besonders gute Resultate bei dünnen flächenhaften Objekten, deren Struktur sich durch Verschiedenheit im Brechungsexponenten auszeichnet. Hervorragend brauchbar ist sie auch zur Beobachtung von linearen Objekten wie Kanten, Rissen, Bakterien, Geißeln u. dgl., ja es ist sogar möglich, im Dunkelfeld Teilchen sichtbar zu machen, deren Größe erheblich unter dem Auflösungsvermögen des Mikroskopes liegt. Allerdings läßt sich die Gestalt der Teilchen hierbei nicht mehr erkennen, sondern immer nur die von ihnen hervorgerufene Beugungsfigur. Hierauf werden wir beim Ultramikroskop noch näher eingehen. Wir werden dabei außerdem einige verbesserten Methoden der hier besprochenen Dunkfeldbeleuchtung kennen lernen.

X. Erweiterung der Grenze des mikroskopischen Auflösungsvermögens mit Hilfe des Ultraviolett=Mikroskopes. Das Fluoreszenz=Mikroskop.

Wie aus der Formel für die Grenze des Auflösungsvermögens für das Mikroskop (S. 44) folgt, gibt es zwei Wege, die Auflösungsfähigkeit der Mikroskopoptik zu steigern. Der eine besteht in der Vergrößerung der numerischen Apertur der Objektive, der andere in der Verwendung von Licht mit möglichst kleiner Wellenlänge. Abbe hat in der Monobromnaphthalin=Immersion die Apertur bis an die Grenze gesteigert, welche mit den heutigen Glassorten zu erreichen ist. Eine weitere erhebliche Steigerung ist wohl für längere Zeiten schwerlich zu erwarten. Der andere Weg hat dagegen zu einer bedeutenden Steigerung des mikroskopischen Auflösungsvermögens über die Grenze der Monobromnaphthalin=Immersion hinaus geführt. Außerhalb des sichtbaren Spektrums, jenseits der Grenze des violetten Lichtes von etwa 400 μμ Wellenlänge abwärts, existieren noch Ätherschwingungen von kürzerer Wellenlänge, das ultraviolette Licht. Dieses ist allerdings dem Auge nicht sichtbar, verrät seine Existenz jedoch durch die Wirkung auf die photographische Platte oder durch Hervorrufen von sichtbarem Fluoreszenzlicht an geeigneten Stoffen wie Uranglas. Zur Ausnutzung dieses kurzwelligen Lichtes wurde von Köhler bei Zeiß ein besonderes Mikroskop gebaut, mit welchem mikrophotographische Aufnahmen von Objekten im ultravioletten Licht gemacht werden können. Da Glas für das ultraviolette Licht so gut wie undurchlässig ist, sind die Linsen aller optischen Systeme dieses Mikroskopes aus Quarz geschliffen, der ultraviolett=durchlässig ist. Die von M. von Rohr berechneten Quarzobjektive sind nur für die eine Wellenlänge von 275 μμ korrigiert und heißen deshalb Monochromate. Als Lichtquelle zur Beleuchtung des Mikroskopes dient der elektrische Funke eines Induktoriums, den man zwischen Elektroden aus Kadmium oder Magnesium überspringen läßt. Die Präparate müssen auf Objektträger von Quarz gebracht und mit Deckgläsern aus demselben Material bedeckt werden. Man stellt von den Präparaten mikrophotographische Aufnahmen her und kann die Untersuchungen nachher auf der photographischen Platte anstellen. Der stärkste Monochromat, eine Glyzerin=Immersion, hat die numerische Apertur 1,25. Sein Auflösungsvermögen berechnet sich bei schiefer Beleuchtung zu 0,00011 mm. Ein Objektiv für subjektive Beobachtung im weißen Licht müßte die enorme numerische Apertur von 2,5 haben, um ein gleich hohes Auflösungsvermögen aufzuweisen wie dieser Monochromat bei ultraviolettem Licht. Die Durchlässigkeit für ultraviolettes Licht ändert sich bei einer großen Reihe von Stoffen in ganz anderem Maße als für weißes Licht. Daher kommt es, daß namentlich viele organische Stoffe, die in weißem Licht farblos sind und nur geringe Kontraste zeigen, bei Beleuchtung mit ultraviolettem Licht erhebliche Unterschiede in der Durchlässigkeit aufweisen können. Sie verhalten sich dem ultravioletten Licht gegenüber demnach wie verschieden gefärbte Stoffe. Um das Bild im Ultraviolett=Mikroskop zur Einstellung subjektiv beobachten zu können, projiziert man dasselbe auf eine Uranglasplatte. Diese fluoresziert unter der Einwirkung des ultravioletten Lichtes, d. h. sie verändert dies Licht in sichtbares Licht von größerer Wellenlänge. Die Platte ist in der Bildebene eines Okulares angebracht. Die ganze Vorrichtung bezeichnet man als Sucher= oder Fluoreszenz=okular zum Ultraviolett=Mikroskop.

Da zahlreiche Objekte bei Beleuchtung mit ultraviolettem Licht fluoreszieren, so lassen sich bei dieser Beleuchtung auch subjektive Beobachtungen ohne Fluoreszenzokular anstellen. Hierzu dient das Fluoreszenz= oder Lumineszenz=Mikroskop nach H. Lehmann. Es besitzt den aus Quarzlinsen aufgebauten Beleuchtungsapparat des Ultraviolett=Mikroskopes. Zur Beobachtung des in den Präparaten auftretenden Fluoreszenzlichtes werden aber an Stelle der Monochromate die normalen Mikroskopobjektive aus Glaslinsen benutzt. Um einen möglichst dunkeln Untergrund im Gesichtsfeld zu haben, bedeckt man die Präparate mit Deckgläsern aus einem nichtfluoreszierenden Glase, dem Euphosglase. Die Beobachtung der Fluoreszenzerscheinungen im ultravioletten Licht erreichen nur den Grad der Auflösung wie bei gewöhnlichem Licht. Ihr Wert besteht in der Erkennung und Unterscheidung vieler Stoffe an der Art ihres Fluoreszenzlichtes. Sie bilden u. a. ein sehr empfindliches Hilfsmittel zur Prüfung von Chemikalien, Kristallen usw.

XI. Ultramikroskopie und verbesserte Methoden der Dunkelfeldbeleuchtung.

Schon bei der Beschreibung der einfachen Methoden der Beobachtung im Dunkelfeld ist kurz auf die Möglichkeit hingewiesen worden, kleine Teilchen noch sichtbar zu machen, deren Größe unterhalb der Grenze des mikroskopischen Auflösungsvermögens liegt. Dies wurde zum ersten Male in bewußter Weise erstrebt und erreicht in dem Ultramikroskop von Siedentopf und Zsigmondy. Werden sehr kleine Teilchen von hellem Licht getroffen, so tritt an diesen Teilchen eine Zersplitterung des Lichtes nach allen Seiten ein. Sie verhalten sich wie kleine selbstleuchtende Sonnen, die nach allen Seiten eigenes Licht aussenden (Abb. 54). Sorgt man nun dafür, daß diese Sonnen auf möglichst dunklem Grunde dem Auge dargeboten werden, so können selbst Teilchen von erheblich weniger als $^{1}/_{1000}$ mm Größe durch den Kontrast sichtbar werden. Die Teilchen, welche in dem gewöhnlichen Mikroskop unsichtbar bleiben, heißen ultramikroskopische Teilchen. Diese ultramikroskopischen Teilchen werden nur durch ihre Beugungserscheinungen sichtbar. Da sie sich wie selbstleuchtende punktförmige Objekte verhalten, ist die Form des Beugungsbildes nicht von der wahren Gestalt der Teilchen, sondern, wie wir S. 36 gesehen haben, nur von der Form der bei der Mikroskopoptik wirksamen Blenden abhängig. Das Ultramikroskop kann uns also wohl die Existenz von Teilchen erkennen lassen, die unterhalb der Grenze des Auflösungsvermögens des gewöhnlichen Mikroskopes liegen; die Gestalt dieser Teilchen kann uns aber auch dieses Instrument nicht enthüllen. Das Prinzip des Ultramikroskopes ist im täglichen Leben leicht zu beobachten. Dringt ein Bündel Sonnenstrahlen durch eine schmale Öffnung im Fensterladen in ein dunkles Zimmer, so erkennen wir ihren Weg an dem Aufleuchten der in der Luft schwebenden Staubteilchen. Innerhalb des Strahlenbündels ist selbst das kleinste Staubteilchen deutlich sichtbar, während außerhalb davon die Luft vollkommen staubleer erscheint.

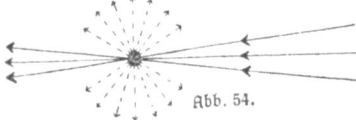

Abb. 54.

Bei dem Ultramikroskop von Siedentopf und Zsigmondy wird zur Beleuchtung der ultramikroskopischen Teilchen Sonnen- oder Bogenlicht

Prinzip und Beschreibung des Ultramikroskopes 91

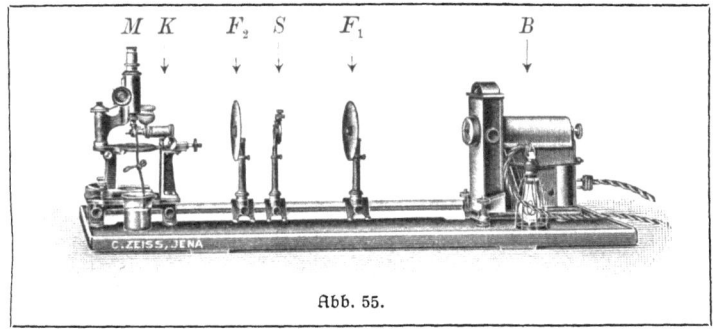

Abb. 55.

benutzt. Das Licht der Bogenlampe B (Abb. 55) wird durch eine Fern=
rohrlinse F_1 auf einen Spalt S von veränderlicher Breite und Höhe
konzentriert. Durch eine zweite Fernrohrlinse F_2 wird der hell beleuchtete
Spalt in der Bildebene eines mittelstarken Mikroskopobjektives K ver=
kleinert abgebildet. Das Mikroskopobjektiv entwirft ein abermals ver=
kleinertes Spaltbild im Präparat. Hierdurch wird nur eine dünne Schicht
des Präparates beleuchtet, d. h. es wird auf optischem Wege ein für
die mikroskopische Beobachtung geeigneter Dünnschnitt hergestellt. Senk=
recht zur Richtung der optischen Achse der be=
leuchtenden Strahlen ist das Beobachtungs=
mikroskop M angebracht (Abb. 55). Von den
beleuchtenden Strahlen kann also keiner ins
Auge gelangen (vgl. die schematische Dar=
stellung Abb. 56), und der Gesichtsfeldgrund
erscheint dunkel. Überall da, wo durch ein
Teilchen mit gegen die Umgebung abstechendem
Brechungsexponenten eine Lichtzersplitterung
eintritt, erscheinen in dem dunklen Grunde
leuchtende, von schmalen
Beugungsringen umgebene
Punkte. Damit diese Punkte
einzeln gesehen werden
können, müssen ihre Abstände
innerhalb des Auflösungsvermögens der benutzten Mikroskopoptik
liegen. Als Untersuchungsobjekte dienen nicht die üblichen dünnen
flächenhaften Präparate, sondern parallelepipedisch begrenzte Aus=

schnitte des Untersuchungsmaterials. Siehe Abb. 56, Objekt. Bei festen Körpern, wie dem von Siedentopf und Zsigmondy untersuchten Goldrubinglas, genügt es, zwei zueinander senkrechte Flächen anzupolieren, so daß durch die eine Fläche das beleuchtende Licht eintreten, durch die andere die Beobachtung angestellt werden kann. Flüssigkeiten und Gase werden in einer parallelepipedisch begrenzten, mit einer Ein- und Ausströmungsöffnung versehenen Küvette nach Biltz untersucht, welche in Abb. 55 an dem Mikroskop zu sehen ist. Siedentopf und Zsigmondy konnten in kolloidalen Lösungen von Gold und anderen Metallen bei Anwendung von Sonnenlicht noch Teilchen von 6 μμ, d. h. 6 Millionstel mm wahrnehmen. Es ist auf verschiedene Weise versucht worden, diese Grenze nach unten zu überschreiten. Durch Konstruktion des Immersions-Ultramikroskopes gelang es Zsigmondy im Jahre 1913, die obige Sichtbarkeitsgrenze auf 4 Millionstel mm herunterzusetzen. Bei diesem von R. Winkel gebauten Mikroskop werden sowohl als Beleuchtungs- wie auch als Beobachtungssystem, Wasserimmersionen von höherer Apertur (etwa 1,05) benutzt. Die Beobachtungsküvette ist nach oben und vorn offen und wird unmittelbar auf die Frontlinsenfassung des beleuchtenden Systems aufgesteckt. Durch einen Trichter, der mittels Schlauch und Schlauchansatz mit der Küvette verbunden ist, können die zu untersuchenden Flüssigkeiten bequem eingefüllt werden.

Andere Methoden zur Steigerung der Helligkeit der Beleuchtung bei ultramikroskopischen Beobachtungen bedienen sich an Stelle der orthogonalen, d. h. senkrecht zur Beobachtungsrichtung stattfindenden Beleuchtung, der konzentrischen Beleuchtung durch geeignete Dunkelfeldkondensoren. Solche Beleuchtungsmethoden wurden bald nach der Erfindung des ersten Ultramikroskopes bekannt. Die eine Methode, welche mit Benutzung des Abbeschen Kondensors ausgeführt werden kann, wurde Seite 85 erläutert. Sie war schon 1837 von Reade entdeckt worden, dann aber in Vergessenheit geraten. Erst die Entdeckung des Ultramikroskopes lenkte die Aufmerksamkeit wieder auf sie. Wegen der starken chromatischen Aberration des Abbeschen Kondensors findet bei dieser Methode eine farbige Beleuchtung der Teilchen statt. Auch tritt bei diesem Kondensor infolge der inneren Reflexionen zwischen seinen Linsenflächen eine Aufhellung des dunklen Untergrundes statt.

Diese Fehler werden vermieden bei den Spiegelkondensoren, welche eine praktisch streng punktförmige Strahlenvereinigung auf-

Immersions-Ultramikroskop. Paraboloidkondensor 93

weisen. Am einfachsten gebaut ist der Paraboloidkondensor. Dieser wurde zum erstenmal von Wenham 1856 angegeben, wurde aber in der Praxis in wenig leistungsfähiger Form hergestellt. Erst die seit 1908 nach den Angaben von Siedentopf in der Zeißschen Werkstätte hergestellten Paraboloidkondensoren sind von einer solchen Güte der Ausführung, daß die theoretische Leistungsfähigkeit auch praktisch erreicht wird. Die Reflexion der Lichtstrahlen findet hierbei an einer Paraboloidfläche statt und die einfallenden Strahlen schneiden sich alle im Brennpunkt dieser Fläche (siehe

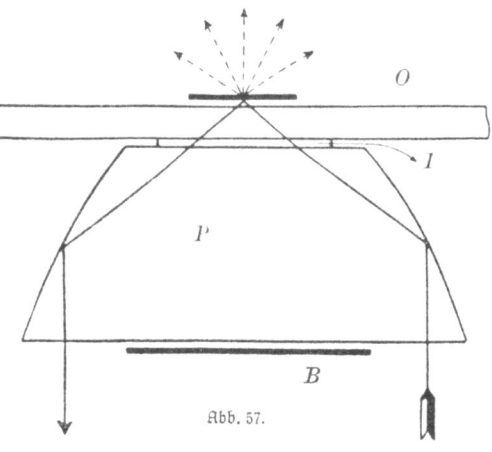

Abb. 57.

Abb. 57). Die undurchsichtige runde Scheibe B blendet alle Strahlen von kleinerer Apertur als 1,1 ab. Um die größtmögliche Helligkeit zu erzielen, ist die auf der Fassung der Paraboloidkondensoren aufgravierte Objektträgerdicke von meist 1,1 mm innerhalb eines Spielraums von 0,2 mm genau einzuhalten, da nur dann die Strahlenvereinigung genügend genau in der Ebene des Präparates stattfindet. Die optische Verbindung des Objektträgers mit der Kondensoroberfläche kann durch Wasser, bei in Wasser befindlichen Objekten oder durch Zedernholzöl, bei in Kanadabalsam eingebetteten Objekten geschehen. Werden Trockensysteme von höherer Apertur als 0,8 zur Beobachtung benutzt, so ist es auch hier erforderlich, zur Erzielung eines möglichst dunklen Untergrundes die schon erwähnten Einhängeblenden zu benützen, welche die Strahlen höherer Apertur im Objektiv abblenden.

Zur Beobachtung im Dunkelfeld sind im allgemeinen nur Trockensysteme zu empfehlen, denn bei ihnen entsteht das Dunkelfeld durch Totalreflexion und ist deshalb recht vollkommen. Da man aber außerdem Dunkelfeldbeleuchtung durch geeignetes Abblenden erzielen kann, so lassen sich auch Immersionssysteme zur Beobachtung im Dunkelfeld benutzen. Bei diesen entsteht das Dunkelfeld dadurch, daß man alle Strahlen von höherer Apertur als theoretisch 1 oder praktisch etwa 0,8 durch passende Einhängeblenden abschneidet. Bei einem Aperturbereich des Paraboloidkondensors von 1,1 bis 1,4 können dann keine direkten Strahlen in das Immersionsobjektiv eintreten. Da die homogene Immersion aus sehr zahlreichen Linsen besteht, macht sich die Verschleierung des Dunkelfeldes durch innere Reflexionen im Objektiv besonders auffallend bemerkbar. Die besten Resultate erzielt man bei der Beobachtung mit Immersion im Dunkelfeld, wenn außer der Einhängeblende über der hinteren Linse des Objektives noch mehrere andere Blenden zwischen den Linsen angebracht werden.

Bei Anwendung von Bogenlicht von 3—5 Amp. Stromstärke ist der mit dem Paraboloidkondensor erzielte Dunkelfeldkontrast hinreichend, um lebende, ungefärbte Bakterien bequem beobachten, ja bei sorgfältiger Einhaltung sämtlicher Bedingungen sogar kinematographisch aufnehmen zu können. Besonders bequem läßt sich mit dem Paraboloidkondensor auch die Beobachtung des Syphiliserregers, der Spirochaete pallida, im lebenden Zustand ausführen, welche bei Hellfeldbeobachtung nur durch vorangehende Färbung oder Imprägnierung mit Silber möglich ist. Für subjektive Beobachtung größerer Bakterien genügt auch helles Gasglühlicht oder elektrisches Glühlicht.

Die beste Strahlenvereinigung und die größte Helligkeit werden erzielt in dem aplanatischen Dunkelfeldkondensor nach von Ignatowsky und in dem Kardioidkondensor. Die Strahlen werden hierbei nach doppelter Reflexion an zwei Kugelflächen (Abb. 58) sehr genau in einem Punkte vereinigt. Theoretisch müßte nach Siedentopf die Fläche, an welcher die zweite Reflexion stattfindet, eine schmale Zone einer Kardioidfläche sein. Diese schwer herstellbare Fläche kann in praxi aber durch eine Kugelfläche ersetzt werden, da sie sich in dem schmalen in Frage kommenden Aperturintervall von 1,1 bis 1,3 nur wenig von einer solchen unterscheidet. Wegen der streng aplanatischen Strahlenvereinigung ist die Lichtstärke des Kardioidkondensors von Zeiß sowohl wie die des in der Konstruktion gleichen Spiegelkondensors von Leitz eine sehr hohe und übertrifft bei Anwendung von starkem Bogenlicht die Lichtstärke des ursprünglichen Ultramikroskopes von Siedentopf und Zsigmondy um

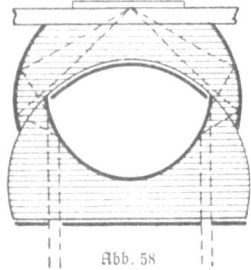
Abb. 58

Kardioidkondensor. Quarzkammer 95

etwa das Zwanzigfache. Damit diese Lichtstärke wirklich ausgenutzt werden kann, ist eine äußerst peinliche Einstellung des Kondensors in die optische Achse des Mikroskopes und eine sehr genaue Einhaltung der richtigen Objektträgerdicke erforderlich. Das Arbeiten mit dem Kardioidkondensor ist demnach, wenn man seine Lichtstärke voll ausnutzen will, bedeutend mühsamer wie das mit dem Paraboloidkondensor. In allen Fällen, wo es nicht auf die Erzielung der höchsten erreichbaren Helligkeit ankommt, wird man daher den Paraboloidkondensor seiner einfacheren Handhabung wegen vorziehen.

Bei Beobachtung im Dunkelfeld sind die benutzten Objektträger sowohl wie die Deckgläser besonders sorgfältig zu säubern, da jede Verunreinigung, jedes Staubkorn durch abgebeugtes Licht das Dunkelfeld verschleiern. Zur vollen Ausnutzung der guten Eigenschaften des Kardioidkondensors ist von Siedentopf eine besondere Quarzkammer konstruiert worden. Diese läßt sich durch Entfetten in heißer, mit konzentrierter Schwefelsäure versetzter Kaliumbichromatlösung, nachfolgendes Abspülen mit destilliertem Wasser und Alkohol und schließliches Ausglühen in der Bunsenflamme besonders vollkommen reinigen. Sehr wichtig ist auch die genaue Einhaltung der richtigen Deckglasdicke, da die hell leuchtenden Teilchen im Dunkelfeld alle Fehler der Strahlenvereinigung

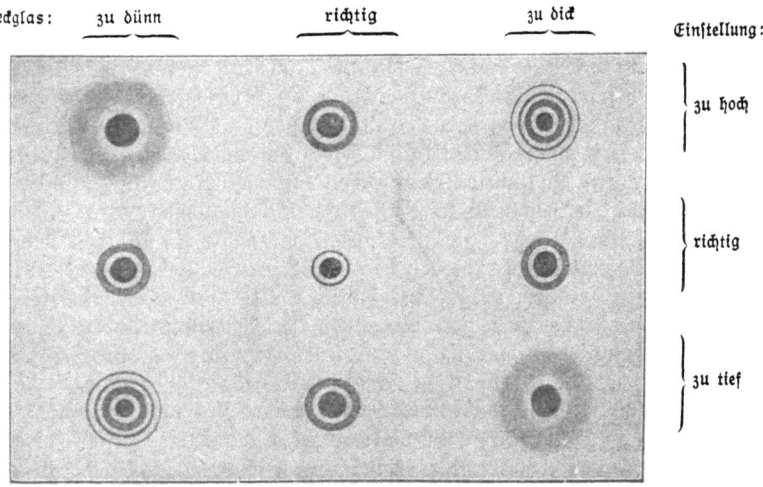

Abb. 59.

im Mikroskop in verstärktem Maße hervortreten lassen. Deshalb sind auch die Apochromate bei Dunkelfeldbeleuchtung vorzuziehen, da die Achromate hierbei merklich bunte Bilder liefern. Die richtige Deckglasdicke läßt sich durch Beobachtung der Beugungserscheinung eines punktförmigen Teilchens nachprüfen. Die hierbei stattfindenden Erscheinungen können aus Abb. 59 ersehen werden, die einer Abhandlung von Siedentopf entnommen ist.

XII. Die Zurichtung mikroskopischer Objekte für die Beobachtung.

Die Objekte, welche unter dem Mikroskop beobachtet werden sollen, müssen besonderen Anforderungen genügen, die wir hier nur ganz kurz besprechen wollen, da eine ausführliche Darstellung der mikroskopischen Präparationsmethoden in einem besonderen Bändchen, Nr. 765 dieser Sammlung, gegeben wird. Die Mikroskop-Objektive haben eine um so geringere Tiefenschärfe, je stärker sie sind. Alle Objektteile, welche im Präparat über oder unter der dünnen Schicht, welche auf einmal scharf gesehen wird, liegen, verursachen eine gewisse Verschleierung des Gesichtsfeldes. Für subjektive Beobachtung macht dies noch am wenigsten aus, da durch ein dauerndes Spiel der Mikrometerschraube die Schicht der Tiefenschärfe in der Höhe fortwährend verlegt werden kann. Durch Kombination des Gesehenen kann man sich hiernach ein Bild von dem räumlichen Aufbau des Objektes verschaffen. Entwirft man das mikroskopische Bild auf einem Projektionsschirm oder auf der Mattscheibe einer photographischen Kamera, so stört die Verschleierung durch zu dicke Präparate erheblich mehr wie bei subjektiver Beobachtung. Im allgemeinen gilt daher die Regel, daß die mikroskopischen Präparate in möglichst dünnen Schichten ausgebreitet werden müssen. Bei zahlreichen Objekten ist dies um so mehr erforderlich, als sie hierdurch erst die nötige Durchsichtigkeit für die Untersuchung im durchfallenden Licht annehmen. Bakterien, Protozoen, Algen und andere kleine Lebewesen kann man einfach in eine dünne Schicht einer Flüssigkeit zwischen Objektträger und Deckglas bringen. Größere pflanzliche und tierische Objekte werden auf die verschiedenste Art und Weise in geeignet dünne, durchsichtige Teilchen zerlegt. Mittels Pinzette und Präpariernadel werden die Gewebe in feine Fäserchen zerzupft.

Zurichtung und Einbettung mikroskopischer Objekte

Durch Einlegen in geeignete Flüssigkeiten wie Salzsäure u. dgl. wird der Zellverband bei Tier- und Pflanzenstoffen gelockert, so daß die einzelnen Zellen oder Gewebebestandteile durch leichten Druck mit der Präpariernadel auseinanderfallen. Man nennt dies Verfahren Mazerieren. Ferner werden mit Hilfe des Rasiermessers oder besonderer mechanischer Dünnschneidevorrichtungen, der sog. Mikrotome, von pflanzlichen und tierischen Geweben Dünnschnitte hergestellt, welche entweder unmittelbar oder nach Behandlung mit den verschiedensten Reagenzien und Farbstoffen, zwischen Objektträger und Deckglas untersucht werden. Die Reagenzien und Farbstoffe haben den Zweck, bestimmte Teile des zu untersuchenden Präparates entweder stärker hervortreten zu lassen oder überhaupt erst sichtbar zu machen. So werden z. B. die den Bakterien als Bewegungsorgane dienenden Geißeln im durchfallenden Licht erst nach starker Färbung der Bakterien erkennbar. Objekte, welche so hart sind, daß sie dem Rasiermesser zu großen Widerstand bieten, werden durch Schleifen zu dünnen Querschnitten verarbeitet. Dieses Verfahren der Herstellung von Dünnschliffen wird besonders angewandt bei der Untersuchung von harten Hölzern, Knochen, Mineralien, Gesteinen und Versteinerungen.

Die Sichtbarkeit der mikroskopischen Einzelheiten ist außer von der Vorbehandlung der Präparate auch von der Art der Einbettung des Objektes abhängig. Will man die äußeren Konturen der Objekte besonders gut hervortreten lassen, so muß man sie mit einem Mittel von möglichst abweichender Brechung umgeben. Beabsichtigt man mehr die inneren Einzelheiten zu untersuchen, so bettet man die Objekte in ein Mittel von nahezu gleicher Brechung ein, weil dann die Brechung und Zerstreuung des Lichtes an den äußeren Begrenzungen möglichst gering und die Objekte also besser durchsichtig werden. Um die äußeren Umrisse gut sichtbar zu machen, werden die Objekte einfach trocken in Luft einge-

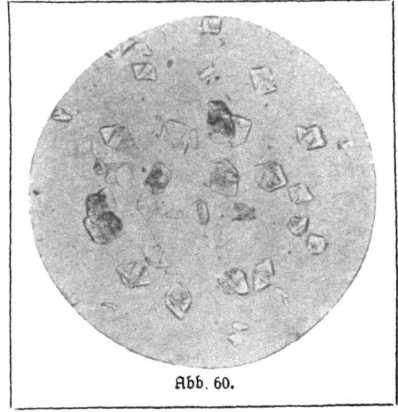

Abb. 60.

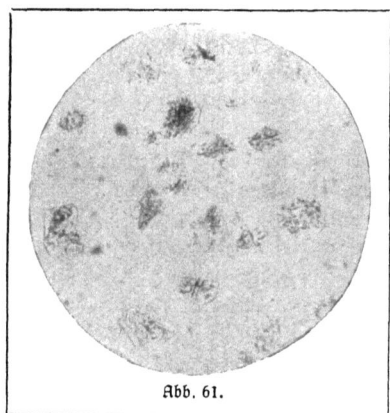

Abb. 61.

bettet. Vgl. die Asparagin=
kriſtalle in Abb. 60, an denen
die Umriſſe gut zu erkennen
ſind. Als Einbettungsmittel
mit höheren Brechungsexpo=
nenten dienen je nach den Um=
ſtänden Glyzerin, Nelkenöl,
Xylol, Kanadabalſam oder
andere Stoffe. Werden die
Aſparaginkriſtalle ſtatt in Luft
in Kanadabalſam eingebettet
(Abb. 61), ſo verſchwinden
die äußeren Umriſſe faſt voll=
ſtändig, dagegen treten die vor=
her unſichtbaren Einzelheiten
im Innern der Kriſtalle gut hervor. Da die meiſten Einbettungsſtoffe
ſich mit Waſſer nicht miſchen, muß dieſes bei waſſerhaltigen Ob=
jekten ſtufenweiſe durch Alkohol von ſteigender Konzentration ver=
drängt werden. Erſt hiernach kann das Einbettungsmittel vollſtändig
und ohne Trübung in das Präparat eindringen.

XIII. Die mikroſkopiſche Wahrnehmung.

Der im vorigen ſchon erwähnte Umſtand, daß die Tiefenſchärfe
der ſtärkeren Mikroſkopobjektive nur gering iſt, hat zur Folge, daß
die mikroſkopiſche Wahrnehmung ſich in ganz charakteriſtiſcher Weiſe
von der Wahrnehmung mit dem bloßen Auge oder mit Inſtrumenten
größerer Tiefenſchärfe, wie dem Fernrohr, unterſcheidet. Beim Mikro=
ſkop erſcheinen nur die in der dünnen Schicht der Scharfeinſtellung
liegenden Objektteile vollkommen ſcharf. Die außerhalb dieſer Schicht
befindlichen Objektteile, alſo die darüber und darunter liegenden Schich=
ten, rufen nur undeutliche Licht= und Schattenwirkungen hervor. Dies
macht ſich beſonders auffällig bei ſolchen Objekten geltend, welche in=
folge von Brechungsunterſchieden gegen die Umgebung ſichtbar werden.
Über das Zuſtandekommen der hierbei auftretenden Erſcheinungen
muß ſich der Mikroſkopiker klar ſein, um zu einer richtigen Deutung
ſeiner Beobachtungen zu kommen. Wir wollen deshalb dieſe Erſchei=
nungen hier ganz kurz an einfachen, überſichtlichen Fällen erläutern.

Einbettungsmittel. Lichtbrechung an mikroskopischen Einschlüssen 99

Es kommen in der Hauptsache zwei verschiedene Fälle in Betracht. Der erste bezieht sich auf die Beobachtung durchsichtiger Körper, welche in einem Mittel geringerer Brechung, und der zweite auf die Beobachtung solcher Körper, welche in einem Mittel höherer Brechung eingebettet sind.

Als Beispiel für den ersten Fall nehmen wir eine in Luft liegende Kugel von Kanadabalsam. Diese verhält sich wie eine Sammellinse. Ein einfallendes Parallelstrahlenbündel wird also nach dem oberen Brennpunkt der Kugel hin gebrochen (Abb. 62). Da das Objektiv von diesem Brennpunkt relativ weit absteht, so gelangen vom Rande der Kugel keine Lichtstrahlen in das Mikroskop. Die Kugel erscheint also als heller Kreis, der von einem dunklen Rand umgeben ist. Der helle Kreis hat den

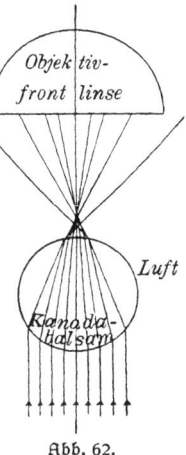

Abb. 62.

kleinsten Durchmesser, wenn man das Mikroskop auf den oberen Teil der Kugel scharf einstellt; denn hier ist der Querschnitt des die Kugel durchsetzenden Lichtstrahlenbüschels am geringsten (Abb. 62). Senkt man den Mikroskoptubus bis zur Scharfeinstellung auf den unteren Teil der Kugel, so vergrößert sich der helle Kreis. Der dunkle Rand wird dabei schmäler. Als Beispiel für den zweiten Fall sei eine in Kanadabalsam befindliche Luftblase von kugelförmiger Gestalt gewählt. Eine solche Luftblase wirkt wie eine Linse von negativer Brechung und zerstreut ein Bündel einfallender Parallelstrahlen so, daß diese von dem unteren Brennpunkt der Blase herzukommen scheinen (Abb. 63). Auch hier kann nur der mittlere Teil der gebrochenen Strahlen, soweit deren Neigung nicht die Apertur des Objektives übertrifft, in das Mikroskop eintreten, und der Rand der Luftblase erscheint ebenfalls dunkel. Beim Senken des Tubus von der Einstellung auf die Oberseite der Luftblase aus wird der Rand aber breiter, da der Querschnitt des gebrochenen Strahlenbüschels

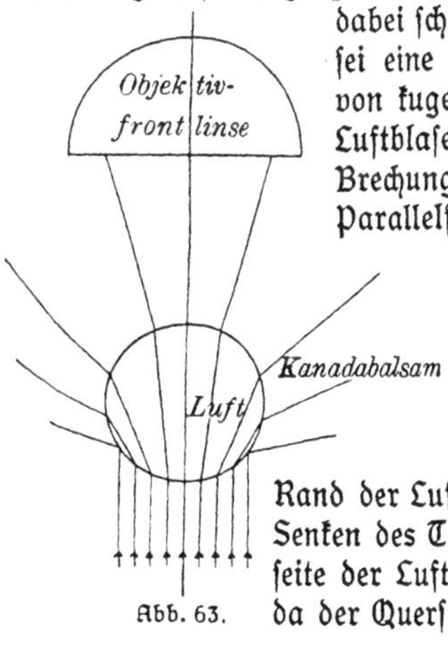

Abb. 63.

7*

XIII. Die mikroskopische Wahrnehmung

jetzt nach unten hin geringer wird, wie Abb. 63 erkennen läßt. Durch dies verschiedene Verhalten läßt sich in vielen Fällen unzweifelhaft feststellen, ob ein mikroskopischer Einschluß stärkere oder schwächere Brechung hat wie seine Umgebung. Einschlüsse, die wie positive Linsen wirken, entwerfen von der Lichtquelle bei Benutzung des Plan= spiegels ein oberhalb des Einschlusses liegendes Bild, solche, die wie Negativlinsen wirken, ein unterhalb desselben liegendes Bild. Man muß also, von der Scharfeinstellung auf den Körper selbst aus, bei diesen den Tubus senken, bei jenen den Tubus heben, um die Licht= quelle scharf zu sehen. Auch dieses Verhalten kann zur Feststellung von Brechungsunterschieden dienen. Es ist hierbei nicht nötig, daß der fragliche Körper genau Linsen= oder Kugelgestalt besitzt. Selbst so un= regelmäßig gestaltete Körper wie Stärke= oder Kristallkörner entwerfen noch ein erkennbares Bild der Lichtquelle. Läßt sich dieses Bild nicht mehr erzeugen, so ist eine Entscheidung über das Vorzeichen der Bre= chung gegenüber der Umgebung noch möglich bei Anwendung schiefer Beleuchtung mit eng gestellter Irisblende oder mit aus der Mikroskop= achse verstelltem Planspiegel. Fällt das beleuchtende Lichtbüschel von rechts her ein, so erscheint bei einem stärker brechenden Körper der rechte Rand dunkel, da die von hier ausgehenden Lichtstrahlen zum größten Teil am Objektiv vorbeigehen (Abb. 64). Bei einem schwächer brechenden Körper erscheint aus demselben Grunde der linke Rand dunkel (Abb. 65).

Zu den besprochenen, durch Brechung hervorgerufenen Erscheinungen kommen noch weitere hinzu, welche durch Interferenz der gebrochenen sowohl wie der reflektierten Strahlen zustande kommen. Diese zeigen sich in engen hellen und dunklen farbig gesäumten Ringen, welche sich sowohl um die Einschlüsse herum wie an der Grenze zwischen der hellen Mitte und dem dunklen Rande zeigen. Die äußeren Interferenzringe geben leicht zu Täuschungen über die wahre Größe des Einschlusses Anlaß. Im ganzen sind also schon bei so

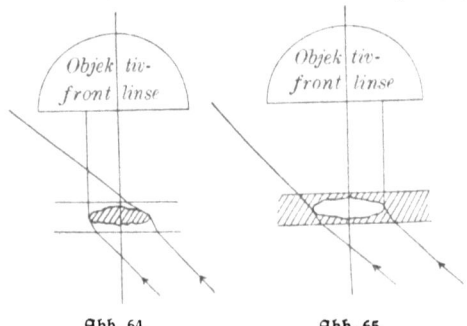

Abb. 64.   Abb. 65.

Erkennung von Brechungsunterschieden 101

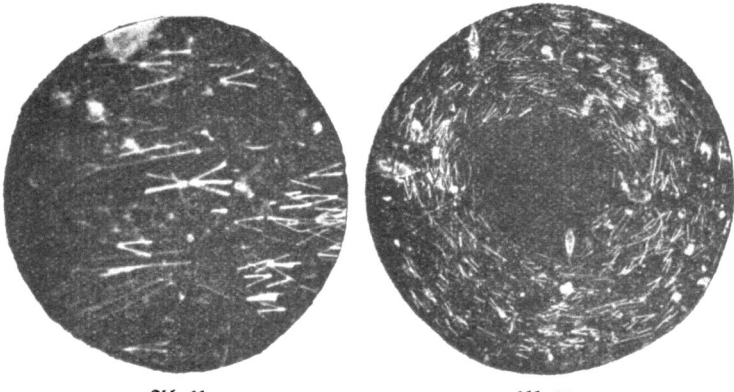

Abb. 66. Abb. 67.

einfachen Körpern wie Kugeln die Erscheinungen im durchfallenden Licht recht kompliziert und erfordern zu ihrer genauen Deutung eingehende physikalische Kenntnisse. Bei feineren und komplizierteren Strukturen ist es selbst für geübte, wissenschaftlich gebildete Mikroskopiker mitunter sehr schwierig oder sogar unmöglich, zu einer einwandfreien Deutung zu gelangen. So ist es zu verstehen, daß über die räumliche Struktur verschiedener oft untersuchter Diatomeen heute noch Meinungsverschiedenheiten unter den Fachgelehrten bestehen.

Besondere Sorgfalt erheischt auch die Beobachtung mikroskopischer linearer Gebilde wie Kanten, Risse, Bakterien u. dgl. Die Sichtbarkeit dieser Gebilde ist abhängig vom Azimut der Beleuchtung, d. h. von der Richtung des einfallenden beleuchtenden Lichtbüschels zu der Längsrichtung des Gebildes. Die Abbildung ist dabei am besten, wenn das Azimut der Beleuchtung rechtwinklig zum Azimut des linearen Gebildes liegt. Die Wirkung einer solchen einseitigen Beleuchtung zeigt Abb. 66. Es folgt daraus, daß für eine Sichtbarmachung aller möglichen Kantenrichtungen in einem mikroskopischen Bild möglichst allseitig zur optischen Achse symmetrische Beleuchtung angewandt werden muß. Der Abbesche Kondensor muß hierbei in der Höhe so eingestellt werden, daß das Bild, welches er von der Lichtquelle entwirft, möglichst genau in der Objektebene liegt. Ist dies nicht der Fall, so bleibt die Mitte des Gesichtsfeldes dunkel und nur die Außenzone wird konzentrisch beleuchtet. Es entsteht das sog. Karussellbild der Abb. 67. Bei richtiger

102 XIV. Anwendung des Mikroskopes in Wissenschaft und Technik

Abb. 68.

Stellung des Kondensors ergibt sich das Bild der Abb. 68.

Die größte Zuverlässigkeit haben vom optischen Standpunkte aus solche mikroskopischen Bilder, bei denen die Einzelheiten durch Absorptionsunterschiede sichtbar gemacht werden. Hieraus sind auch die großen Erfolge zu verstehen, welche namentlich die zoologische und medizinische Wissenschaft mit der Anwendung der mikroskopischen Färbetechnik auf ihre Untersuchungsobjekte erzielt hat.

XIV. Anwendung des Mikroskopes in Wissenschaft und Technik.

Nachdem wir bis jetzt die Wirkungsweise und den Gebrauch des Mikroskopes nebst seiner verschiedenen Abarten, soweit es im Rahmen dieses Bändchens möglich ist, kennen gelernt haben, wollen wir im folgenden einen Überblick darüber gewinnen, welche Anwendungen dieses wichtige Hilfswerkzeug für das menschliche Auge in den verschiedenen Gebieten der Wissenschaft und Technik findet und gefunden hat. Wir wollen hierbei nicht nur den äußeren, rein praktischen Wert des Mikroskopes ins Auge fassen, sondern auch den höheren ideellen Wert, den das Mikroskop für unsere moderne Weltanschauung nach der physikalisch-chemischen sowohl wie nach der biologischen Richtung besitzt. Nehmt der Menschheit das Mikroskop, und verschwunden ist für sie der Mikrokosmos, eine ganze Welt für sich, klein zwar, sehr klein in ihren Einzelwesen und Einzelmaßen, groß aber und gewaltig in ihrem Umfang und tief eingreifend in ihrer Wirkung auf den Ablauf des Weltgeschehens und auf die Entwicklung des Menschengeschlechtes. War die Erfindung des Mikroskopes die optische und wesentliche Vorbedingung zur Entdeckung der Welt der Mikronen, so erweisen sich die

Meßmikroskope 103

Erfolge der mikroskopischen Forschung in den verschiedenen Bereichen dieser Welt außerdem noch von der Auffindung und Anwendung ganz bestimmter mikroskopischer Arbeitsmethoden abhängig. Die exakt arbeitende wissenschaftliche Mikroskopie wird natürlich auf ein vorliegendes Untersuchungsobjekt grundsätzlich alle ihr zur Verfügung stehenden Methoden anwenden. Die in den verschiedenen Gebieten gesammelten praktischen Erfahrungen haben jedoch zu speziellen Untersuchungsmethoden mit entsprechenden speziellen Mikroskoptypen und Hilfsapparaten geführt, die in erster Linie zur Anwendung kommen. Angaben hierüber sollen bei den folgenden Einzelbesprechungen der Wissensgebiete eingeflochten werden.

1. Das Mikroskop als physikalisches Meßinstrument.

In den physikalischen Laboratorien sowohl wie in den Sternwarten dient das Mikroskop zur Ermittelung der feinsten Unterabteilungen von Skalen der verschiedensten Art. Hierzu wird es in Form der Meß- oder Schätzmikroskope ausgeführt. Diese stellen in kleinen Dimensionen ausgeführte Mikroskope von 25—50facher Vergrößerung dar, welche in der Bildebene des meist nach der Ramsdenschen Art gebauten Okulares entweder eine kurze feste Hilfsskala oder einen mittels Schraube und Trommel meßbar beweglichen Faden oder ein Fadenpaar tragen. Die Gesamtlänge der festen Hilfsskala ist so gewählt, daß das Bild eines Skalenteils der Hauptteilung der Länge nach sich mit ihr deckt. Falls nun die Hilfsteilung 10 Intervalle enthält, kann man an ihnen noch den 10. Teil des Intervalles der Hauptteilung direkt und den hundertsten Teil davon durch Schätzung ablesen. So würde die Ablesung in Abb. 69 lauten: 2,57. Bei Anwendung der Meßschraube statt der festen Hilfsskala werden die Unterabteilungen der Hauptskala auf einer geteilten Trommel abgelesen. In der messenden Physik benutzt man die Ablese- und Schätzmikroskope zu den genauesten Ablesungen an Teilmaschinen, Barometern, Thermometern, Mikrowagen, Elektrometern u. dgl.

Die früher bei den Teilkreisen üblichen Nonien zur Ermittelung der Unterabteilungen von Gradteilungen werden in

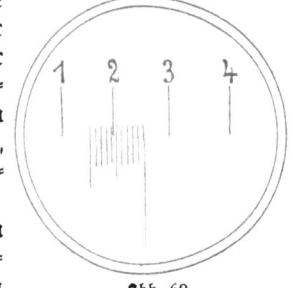

Abb. 69.

XIV. Anwendung des Mikroskopes in Wissenschaft und Technik

neuester Zeit immer mehr durch Schätz- oder Ablesemikroskope verdrängt. Dies gilt insbesondere für die feinen Winkelmessungen in der Astronomie.

Von Siedentopf und Zsigmondy wurde das Ultramikroskop zur **Ausmessung submikroskopischer Teilchen** angewandt. Sie bedienten sich hierbei derselben Methode, wie wir sie in dem Abschnitt über Zählen beschrieben haben. Wenn die Anzahl der Teilchen in einem bekannten Volumen Flüssigkeit von bestimmtem Gewichtsinhalt ermittelt ist, so lassen sich bei bekanntem spezifischen Gewicht der Teilchen ihre wahren Durchmesser berechnen. Nach dieser Methode sind Teilchen bis herab zur Größenordnung von nur wenigen Millionstel Millimetern gemessen worden.

2. Entdeckung und Untersuchung der mikroskopischen Lebewelt.

Die Entdeckung der Aufgußtierchen durch Leeuwenhoek um 1673 bedeutet für die Menschheit gleichzeitig die Entdeckung der Welt der Mikroorganismen. Nur die Anwendung von Mikroskopen mit genügend starker Vergrößerung und entsprechendem Auflösungsvermögen reicht hin, um die große Mehrzahl dieser frei in Flüssigkeiten lebenden Organismen zu sehen. Kein Wunder, daß der ersten Entdeckung Leeuwenhoeks bald zahlreiche weitere folgten, welche sich dann bei der überaus großen Mannigfaltigkeit dieser Organismen noch bis in die neueste Zeit hinein fortsetzen. Die Auffindung neuer Lebewesen, welche beim Stehenlassen von Heu, Stroh, Pfeffer u. dgl. mit Wasser sich so leicht und schnell bilden, brachte mit einer neuen Welt auch neue Probleme. Uralte Probleme, wie das der Urzeugung, der Entstehung lebender Wesen aus totem, anorganischem Stoff, wurden von neuem lebendig. Leeuwenhoek selbst hatte zwar im Gegensatz zu den meisten seiner Zeitgenossen die durchaus richtige Ansicht, daß seine Infusionstierchen aus vorhandenen Keimen ihren Ursprung genommen hätten, konnte aber keinen Beweis dafür erbringen. Erst durch die Versuche des Physikers Tyndall wurde die Frage nach der Entstehung der Mikroorganismen näher beleuchtet und durch die Untersuchungen von Pasteur endgültig gelöst. Der letzte Forscher konnte nachweisen, daß die Keime der Mikroorganismen überall auf der Erde verbreitet sind und mit dem Wasser oder der Luft in Nährlösungen gebracht werden müssen, damit Leben in ihnen entstehen kann. Werden die Lösungen durch Kochen keimfrei

Mikroorganismen 105

gemacht und durch Abschluß mit Wattepfropfen oder mehrfach gebogenen Glasröhren vor dem Eindringen neuer Keime geschützt, so bleibt jede Entwicklung von Leben aus. Die leichte Verbreitungsmöglichkeit der Mikrobenkeime, welche durch die Pasteurschen Versuche dargetan wird, erklärt die Allgegenwart der Kleinlebewelt auf unserem Erdball. Wir können kaum eine wasserhaltige Speise der Luft aussetzen, ohne daß sie bald eine Beute der Mikroorganismen wird, die durch ihre Lebenstätigkeit in ihr Gärungs- oder Fäulnisprozesse hervorrufen. Die hierdurch gegebene bequeme Zugänglichkeit der Kleinlebewesen macht es verständlich, warum heute gerade die Welt der kleinsten Wesen wohl am besten erforscht ist. Durch die außerordentliche Fülle von Material, welche die mikroskopische Beobachtung in den letzten Jahrzehnten geliefert hat, haben sich innerhalb der Wissenschaft von den Kleinlebewesen wieder eine Reihe ganz spezieller Wissenszweige herausgebildet. Jeder dieser Zweige enthält eine solche Menge Untersuchungsstoff, daß er die Lebensarbeit einzelner Forscher auf sich zu konzentrieren vermag. Als bekanntes Beispiel für solche gründliche Forscherarbeit seien die Beobachtungen der Radiolarien durch Haeckel genannt, welche in dem Buch „Kunstformen der Natur" der Allgemeinheit auszugsweise bekannt geworden sind. Andere spezielle Zweige bilden die Protozoen-, Diatomeen-, Bakterienkunde u. a. Die in den letzten Jahrzehnten mächtig aufgeblühte Wissenschaft von den im Wasser schwebenden und durch feine Siebe abfiltrierbaren Lebewesen ist zu einer besonderen Disziplin, der Planktonkunde, zusammengefaßt worden. Die hier zutage geförderten Resultate spielen eine große Rolle für die rationelle Bewirtschaftung und Ausbeutung unserer Binnengewässer.

3. Untersuchung des Feinbaues von Tier und Pflanze.

Während die systematische Erforschung fast der ganzen Kleinlebewelt, ausgenommen eine Reihe sehr kleiner Bakterien, mit der denkbar einfachsten Herstellung der Präparate auskommt, ist für die Untersuchung des feineren Baues der Organe der höheren Tiere und Pflanzen eine schwierige Präparationstechnik erforderlich. Neben den früher genannten Methoden der Mazeration und Zergliederung spielt die Hauptrolle die Anfertigung von Dünnschnitten aus den zu untersuchenden Organen. Die Untersuchung solcher Dünnschnitte bildet die Wissenschaft der Histologie oder mikroskopischen Anatomie. Für die hierher gehörigen mikroskopischen Untersuchungen kommt das gewöhnliche

Mikroskop von den schwächsten bis zu den stärksten Vergrößerungen in Frage. Die Anwendung von polarisiertem Licht spielt eine untergeordnete Rolle. Die Methoden der Dunkelfeldbeleuchtung sind bisher nur wenig angewandt worden.

Eine der ersten grundlegenden Erkenntnisse, welche die mikroskopische Forschung in der Zoologie und Botanik zutage förderte, war die heute jedem Gebildeten bekannte Tatsache, daß der Tierkörper sowohl wie der Pflanzenkörper aus Geweben und Zellen aufgebaut ist. Die Begründer dieser Zellenlehre waren Schleiden auf dem Gebiet der Botanik und Schwann auf dem der Zoologie. Die Anwendung von Färbe= und Imprägnationsmethoden führte weiter zu einem tieferen Einblick in die geheimnisvolle Werkstatt der Zelle. So konnte das Verhalten der Zelle gegenüber äußeren und inneren Kräften sowohl im Leben wie im Tode studiert werden. Man erkannte das Verhalten des Zellinhaltes bei einer der wichtigsten Lebenstätigkeiten der Zelle, der Zellteilung oder Fortpflanzung und fand in den Chromosomen, welche aus der Zellkernsubstanz bei der Teilung hervorgehen, die Träger der Eigenschaften, welche sich von Individuum zu Individuum vererben.

4. Medizin.

Dieselben Methoden, welche in der Zoologie zur Kenntnis des Feinbaues des Tierkörpers geführt haben, wurden mit Erfolg angewandt, um die feinere Anatomie des menschlichen Körpers zu erkennen. Eine besonders große Rolle spielt die Erforschung der Krankheitserscheinungen und ihrer Ursachen. Hierbei führte das Studium der Zelle und der Zellverbände im gesunden und kranken Zustand zu hervorragenden Erfolgen. So vermochte man z. B. bei Nervenerkrankungen im mikroskopischen Bild der Nervenzelle degenerative Veränderungen festzustellen, deren Kenntnis zu einer zielbewußten Behandlung solcher Erkrankungen verwertet werden konnte. Die Diagnose von mehr oder weniger anomaler Blutbeschaffenheit wurde durch die Zählung der roten und weißen Blutkörperchen auf eine fast mathematisch sichere Basis gestellt. Ebenfalls konnte die Rolle, welche die roten und weißen Blutkörperchen für die Ernährung des Körpers und seinen Schutz vor eindringenden Giften spielen, durch mikroskopische Studien aufgeklärt werden. Durch Untersuchung verschiedener Infektionskrankheiten an Insekten und Pflanzen wurden die Grundlagen geschaffen zur Er=

Botanik, Zoologie, Medizin. Polarisationsmikroskop

kennung der Ursachen der ansteckenden Krankheiten des Menschen. Die Entdeckung der Milzbrandstäbchen im Blut milzkranker Tiere durch den Tierarzt Pollender und der schließliche einwandfreie Nachweis, der von Koch geführt wurde, daß tatsächlich nichts anderes als jene Milzbrandstäbchen die Ursache dieser Krankheit bilden, führte die Medizin auf den richtigen Weg zur Auffindung der Erreger der meisten Infektionskrankheiten des Menschen und von Mitteln zu ihrer Bekämpfung. Koch, im Volksmund Bazillenvater genannt, entdeckte spezifische Bakterien als Erreger der Cholera, der Tuberkulose und anderer Krankheiten. Außer den Bakterien lehrte das Mikroskop auch die Protozoen als Erreger einer Reihe ansteckender Krankheiten kennen. Hierher gehören das gelbe Fieber, die Malaria, das Rückfallfieber, die Schlafkrankheit und die Syphilis. Als Erreger der Malaria, die vor der Entdeckung ihrer wahren Ursache in den heißen Ländern ungeheure Opfer forderte, wurde von dem französischen Forscher Laveran ein amöbenartiges Protozoon gefunden. Die außerordentlich verschlungenen Pfade, auf welchen die Übertragung dieser Krankheit von Mensch zu Mensch durch Vermittlung einer Stechmückenart stattfindet, wurde in jahrelanger, mühsamer mikroskopischer Forscherarbeit von dem englischen Stabsarzt Roß aufgedeckt. Diese Beispiele mögen genügen, um in rohen Umrissen ein Bild von der Bedeutung des Mikroskopes für die Medizin zu geben.

5. Untersuchung und Bestimmung von Mineralien und Gesteinen in Mineralogie und Petrographie.

Durch die erfolgreiche Tätigkeit von H. Rosenbusch und seinen Schülern wurden für die Untersuchung von Mineralien sowohl wie von Gesteinen elegante optische Methoden ausgearbeitet, welche sich des Polarisationsmikroskopes als Beobachtungsinstrument bedienen. Ein solches Mikroskop unterscheidet sich von dem gewöhnlichen Mikroskop in der Hauptsache durch eine in besonderer Weise eingebaute Vorrichtung zur Beobachtung im polarisierten Licht, meist zwischen gekreuzten Nicols. Unter dem in seinen Ausmaßen erheblich kleiner wie gewöhnlich gehaltenen Kondensor befindet sich ein Polarisationsprisma Nicolscher oder anderer Konstruktion. Unmittelbar über dem Objektiv ist der Analysator angebracht, der sich mittels eines Schiebers in den Strahlengang ein- und ausschalten läßt. Die obere Kondensorlinse

108 XIV. Anwendung des Mikroskopes in Wissenschaft und Technik

läßt sich durch einen Klappmechanismus od. dgl. aus dem Strahlengang entfernen. Die Beleuchtung des Objektes geschieht gewöhnlich durch die untere Kondensorlinse mit Lichtbüscheln von geringer Apertur. Diese Beleuchtungsart wird angewandt zur Beobachtung der Interferenzfarben doppelbrechender Kristalle im polarisierten Licht, hauptsächlich zwischen gekreuzten Nicols. Die Kristalle werden hierbei wie bei der Beobachtung mit dem gewöhnlichen Mikroskop auf der Netzhaut des Auges abgebildet und erscheinen dem Beobachter in bunten Farben leuchtend im dunklen Gesichtsfeld. Weil bei dieser Art der Beobachtung die Interferenzfarben sichtbar werden, welche durch die Zerlegung nahezu parallel einfallender Lichtstrahlen in der doppelbrechenden Kristallplatte entstehen, so wird das Polarisationsmikroskop in dieser Anordnung Orthoskop genannt.

Bei einer zweiten Beobachtungsart wird nicht der Kristall selbst, sondern die Interferenzerscheinung in der hinteren Brennebene eines Trockensystemes von großer Apertur auf der Netzhaut abgebildet. Diese Interferenzerscheinung kommt hier nicht durch Beugung des Lichtes am Objekt zustande, da dieses praktisch frei von feinerer mikroskopischer Struktur ist, sondern sie entsteht durch Interferenz von engen Parallelstrahlenbündeln, welche in der hinteren Brennebene mit einem bestimmten Gangunterschied zusammentreffen, den sie durch die Doppelbrechung im Kristall erhalten haben. Beleuchtet man hierbei den Kristall mit Lichtbüscheln hoher Apertur durch Einschalten der oberen Kondensorlinse, so kreuzen sich in der hinteren Brennebene enge Parallelstrahlenbündel der verschiedensten Neigung von kontinuierlich wechselnden, den entsprechenden Richtungen in der Kristallplatte zugehörigen Gangunterschieden. Man erblickt demgemäß in der hinteren Objektivbrennebene bei herausgenommenem Okular verschiedenartig gestaltete Interferenzkurven, welche für die optische Untersuchung eines Kristalles und seine Bestimmung in einem vorliegenden Dünnschliff von ausschlaggebender Wichtigkeit sind. Eine solche Interferenzerscheinung beim Kalkspat zeigt Abb. 70. Man nennt diese Art der Beobachtung, Beobachtung im konvergenten Licht oder Beobachtung im Konoskop. Die Beobachtungen im Orthoskop, Konoskop und gewöhnlichen Mikroskop

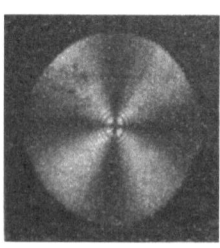

Abb. 70.

Mineralogie. Petrographie. Mikrochemie

werden in der Mineralogie zur Erkennung von Kristallen an ihren optischen Eigenschaften vereinigt angewandt. Die Petrographie bedient sich derselben Methoden, um die Bestandteile von Gesteinen auf optischem Wege zu bestimmen. Aus den Gesteinen werden durch Schleifen etwa 0,02—0,05 mm dicke Schnitte, sog. Dünnschliffe hergestellt. Diese sind dünn genug, um Untersuchungen im durchfallenden Licht ausführen zu können. Bei orthoskopischer Beobachtung zeigt ein Gesteinsdünnschliff ein buntfarbiges Mosaik von Kristallen und Kristallbruchstücken. Diese auf optischem Wege erzielte Färbung enthüllt, in zum Teil ähnlicher Weise wie die Färbung von tierischen und pflanzlichen Geweben mit chemischen Farbstoffen, die feinere Struktur der Gesteine sowohl wie der einzelnen Kristalle. Die konoskopische Beobachtung wird bei Kristallen im Dünnschliff nach Möglichkeit zu Rate gezogen.

6. Die Benutzung chemischer Reaktionen bei mikroskopischen Untersuchungen.

Außer den physikalisch-chemischen Methoden der Färbung und Imprägnation dienen eine ganze Reihe chemischer Reaktionen zur Erkennung mikroskopischer Teilchen. Diese sog. mikrochemischen Reaktionen bestehen entweder in dem Hervorrufen charakteristischer Färbungen oder charakteristisch geformter Gebilde durch chemische Reagenzien. Beispiele der ersten Art sind die Blaufärbung der Stärke durch Jod, die Gelb- bis Braunfärbung von Gerbstoff durch Kaliumbichromat, die Schwärzung von Fetten durch Osmiumsäure u. dgl. Als Beispiele für die zweite Art von Reaktionen sei die Erzeugung charakteristischer mikroskopisch kleiner Kristalle genannt. So wird die Anwesenheit von Kalium, Rubidium, Caesium und Ammonium durch Zusetzen von Platinchlorid festgestellt. Es entstehen dadurch nämlich scharf ausgebildete, gelb gefärbte Oktaeder der entsprechenden Metall-Platindoppelverbindung. Ebenso bilden die kieselfluorwasserstoffsauren Salze zahlreicher Metallbasen sehr charakteristisch geformte, leicht zu identifizierende Kriställchen. Für die säurebildenden Elemente werden analoge Fällungsreaktionen herangezogen, durch welche charakteristische, unlösliche mikroskopische Kristalle entstehen. So wird z. B. die Anwesenheit von Schwefel durch Überführen desselben in Schwefelsäure und Zusetzen eines löslichen Kalziumsalzes nachgewiesen. Es bilden sich hierbei die leicht erkennbaren, monoklinen Gipskristalle.

110 XIV. Anwendung des Mikroskopes in Wissenschaft und Technik

7. Wissenschaftliche und technische Untersuchung von Metallen und anderen undurchsichtigen Stoffen.

Für undurchsichtige Stoffe kommt nur die Beobachtung im reflektierten Licht in Frage. Jedes gewöhnliche Mikroskop, das mit einem der Seite 78 beschriebenen Opak= oder Vertikalilluminatoren ausgerüstet wird, ist zu solchen Untersuchungen geeignet. Handelt es sich z. B. um die Ermittelung des Feinbaus eines Meteoreisens, so wird eine ebene Fläche angeschliffen, welche möglichst vollkommen poliert wird. Um die Struktur sichtbar zu machen, wird dann die Oberfläche mit einem geeigneten Ätzmittel wie Salpetersäure oder Eisenchlorid behandelt. Durch die verschiedenartige Wirkung des Ätzmittels auf die verschiedenen Bestandteile des Meteoreisens tritt seine kristalline Struktur deutlich zutage und kann unter dem Mikroskop in ihren feinsten Einzelheiten erkannt werden. Für die Untersuchung ist das Seite 79 Ausgeführte zu beachten. Um Arbeit zu sparen, wird an den Metallen meist nur eine Seite eben geschliffen und poliert, die andere Seite behält ihre unregelmäßige Gestalt. Damit nun die angeschliffene Fläche senkrecht zur Mikroskopachse zu liegen kommt, kann man verschiedene Verfahren einschlagen. Man legt z. B. das Metall mit der ebenen Seite auf eine ebene Unterlage und stülpt einen etwas höheren, beiderseits offenen, zylindrischen Ring darüber. Hierauf drückt man in den Ring so viel Klebwachs hinein, daß man es an der Oberseite mit einem Objektträger glatt streichen kann. Legt man das so zugerichtete Präparat umgekehrt auf den Objekttisch, so steht die zu untersuchende Fläche genügend genau senkrecht zur Mikroskopachse.

Für die häufig sich wiederholenden Untersuchungen der Metalle in der Technik hat man besondere Metallmikroskope konstruiert, bei denen das Mikroskop unter dem Objekttisch angebracht ist (Abb. 71). Die Metalle können dann mit der ebenen Fläche unmittelbar auf den Objekttisch gelegt

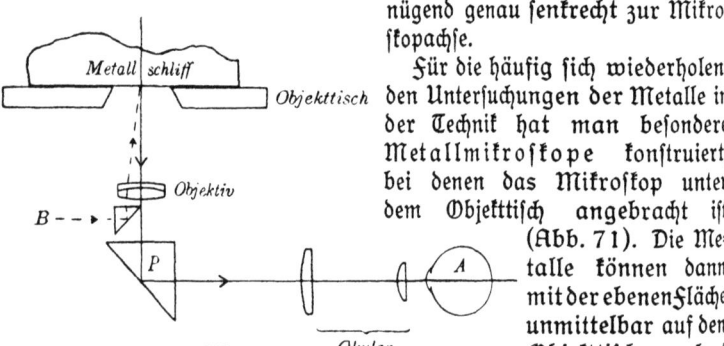

Abb. 71.

Metallographie. Trichinenschau

werden. Um bequem in ein solches Metallmikroskop hineinsehen zu können, ist zwischen Objektiv und Okular ein rechtwinkliges totalreflektierendes Prisma P (Abb. 71) eingeschaltet, das die Strahlen um 90° ablenkt. Der Beobachter kann also in ein horizontal liegendes Okular hineinschauen. Durch das kleine Prisma bei B wird der Metallschliff beleuchtet. Die mikroskopische Untersuchung der feinen Strukturen der Metalle hat zur wissenschaftlichen Erklärung zahlreicher Vorgänge bei der Metallgewinnung und Bearbeitung geführt. Der Vorgang des Härtens und Anlassens des Stahles konnte z. B. durch den Nachweis ganz bestimmter Verbindungen zwischen Eisen und Kohlenstoff erklärt werden. Heute sind die metallographischen Untersuchungsmethoden so gut durchgearbeitet, daß sie eine bequeme und sichere Kontrolle für die Güte und Gleichmäßigkeit der Metallfabrikate bieten. Kein modernes Metallwerk wird ohne diese Methoden auf die Dauer auskommen können. Von großer Bedeutung ist auch, daß bei einem Bruch eines Maschinenteiles, z. B. einer Radachse, mit Hilfe der metallographischen Methoden in vielen Fällen nachträglich einwandfrei festgestellt werden kann, ob schlechte Beschaffenheit des Materials die Ursache des Schadens war.

8. Untersuchung von Nahrungs-, Genuß- und Heilmitteln sowie anderen Handelsprodukten.

Alle tierischen und pflanzlichen Stoffe sowohl wie die Kunstprodukte, welche den Menschen zur Nahrung und Kleidung dienen oder sonst in Form von Genuß- oder Heilmitteln menschlichen Zwecken dienstbar gemacht werden, lassen sich unter dem Mikroskop bequem auf ihre Zusammensetzung und Reinheit untersuchen. Eine der verbreitetsten hierher gehörigen Anwendungen des Mikroskopes ist die Untersuchung des Schlachtfleisches auf Trichinen und Finnen. Das zu beschauende Fleisch wird in dünne Scheibchen zerschnitten. Damit diese Scheibchen genügend durchsichtig werden, kommen sie zwischen zwei starke Spiegelglasplatten, welche durch zwei Mutterschrauben kräftig gegeneinander gepreßt werden können, so daß die Scheibchen durch den Druck flach ausgearbeitet werden. Man nennt diese Vorrichtung, welche auf dem Objekttisch des Mikroskopes in Abb. 72 zu sehen ist, ein Kompressorium. Zur Trichinenschau dienen einfach und solide gebaute Mikroskope mit schwacher, etwa 40—100facher

112 XIV. Anwendung des Mikroskopes in Wissenschaft und Technik

Vergrößerung (Abb. 72). Weitere Beispiele sind die mikroskopische Untersuchung von Mahlprodukten, Drogen, Backwaren und dgl. Entweder ist es schon das mikroskopische Bild, welches die Anwesenheit bestimmter Stoffe verrät, z.B. die Stärke im Mehl oder Fetttröpfchen in der Milch, oder es müssen mikrochemische Reaktionen zur Hilfe genommen werden, um die Anwesenheit von Stoffen festzustellen. Hierher gehört z. B. die Blaufärbung von Stärke durch Jod in solchen Fällen, wo die Struktur durch zu starkes Quellen (wie in Backwaren) verloren gegangen ist. Die charakteristischen Unterschiede von Baumwoll=, Woll=, Seiden=, Leinen= und anderen Fasern spielen eine wichtige Rolle bei der Untersuchung und Prüfung der Roh= sowohl wie der Fertigwaren der Textilindustrie.

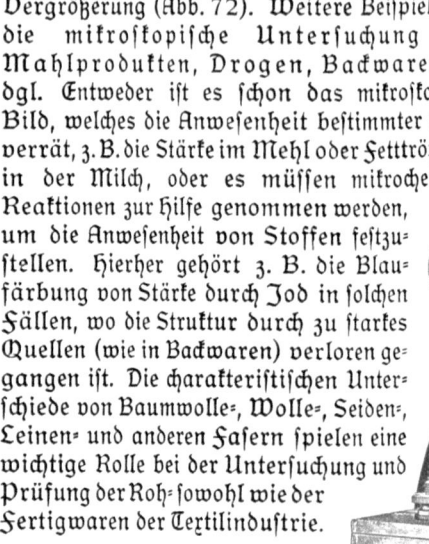

Abb. 72.

9. Das Mikroskop in der Kolloidchemie.

Die Kolloidchemie bedient sich zur optischen Untersuchung kolloidaler Substanzen des Ultramikroskopes. Durch Anwendung dieses Instrumentes fanden Zsigmondy und andere Forscher, daß alle kolloidalen Lösungen und Stoffe eine mehr oder weniger starke Inhomogenität aufweisen. Diese macht sich im Ultramikroskop zum Teil durch das Auftreten von sichtbaren Einzelteilchen, zum Teil durch das Erscheinen eines nicht mehr auflösbaren Lichtkegels erkennbar. Die Teilchen der ersten Art haben eine Größe, welche meist weit unter der Grenze des Auflösungsvermögens des gewöhnlichen Mikroskopes liegt. Sie werden deshalb submikroskopische Teilchen oder kurz Submikronen genannt. Die Teilchen der zweiten Art, welche auch im Ultramikroskop nicht mehr einzeln sichtbar gemacht werden können, heißen amikroskopische Teilchen oder Amikronen. Wie Zsigmondy an den kolloidalen Goldlösungen gezeigt hat, ist mit Hilfe des Ultramikroskopes eine ziemlich sichere Messung der Teilchengröße kolloidal verteilter Substanzen möglich. Durch Herstellung von Goldlösungen mit Teilchen von abgestufter Kleinheit konnte gezeigt werden, daß alle Übergänge zwischen einer Suspension, deren Teilchen sich unter der Wirkung der Schwerkraft absetzen und einer molekularen Lösung, in welcher die Teilchen schweben, auftreten. Die Entdeckung Grahams, daß kolloidale Lösungen wie Leim, Eiweiß und andere, im Gegensatz zu kristalloiden Stoffen, nicht durch Pergamentmembranen hindurchdiffundieren, ist nach den ultramikroskopischen Untersuchungen der kolloidalen Goldlösungen und anderer Lösungen z. T. durch die Größenunterschiede der Teilchen erklärlich. Stoffe, welche der Größe ihrer Teilchen nach im Bereich der Submikronen liegen, verhalten sich bei der Diffusion wie die Grahamschen Kolloide. Die Benutzung der Ultramikroskope in der Kolloidchemie beschränkt sich bisher in der Hauptsache nur auf wissenschaftliche Untersuchungen. Bei der großen Verbreitung der Kolloide in der Natur und in der Technik ist aber zu erwarten, daß auch die Laboratorien der Praxis sich mehr und mehr der ultramikroskopischen Untersuchungsmethoden bedienen werden. Gehören doch die Aufgaben, welche die Kolloidchemie zu lösen hat, zu den wichtigsten Fragen der Wissenschaft und Technik überhaupt. Die Bedeutung dieser Aufgaben erhellt aus der Tatsache, daß wesentliche Baustoffe des Tier- und Pflanzenkörpers, nämlich Stärke, Zellulose und Eiweiß, zu den Kolloiden gehören. Sie ergibt sich ferner aus dem Umstande, daß die Fähigkeit des Ackerbodens, Nährsalze zurückzuhalten, der Anwesenheit von kolloidalen Stoffen, den sog. Humusstoffen, zuzuschreiben ist. Sie läßt sich endlich ermessen an der ausgedehnten Verwendung und Herstellung kolloidaler Stoffe in sehr wichtigen Zweigen der chemisch-technischen Industrie, wie Leim-, Gummi-, Sprengstoff-Industrie, Photographie, Gerberei, Färberei und vielen andern.

XV. Einiges aus der Geschichte des Mikroskopes.

Das Mikroskop ist eine verhältnismäßig junge Erfindung. Sie geschah in der Form des aus zwei einfachen Bikonverlinsen zusammengesetzten Instrumentes zwischen 1590 und 1610 in Middelburg (Nieder-

XV. Einiges aus der Geschichte des Mikroskopes

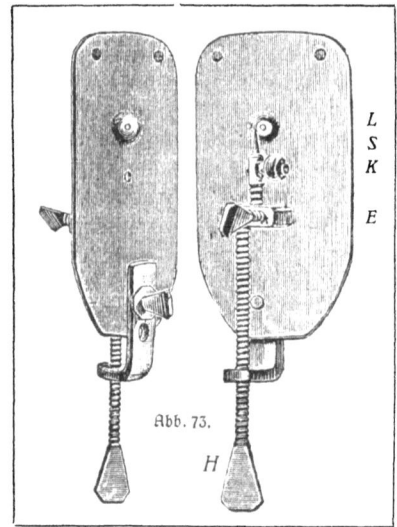

Abb. 73.

lande). Als Erfinder sind mit großer Wahrscheinlichkeit die beiden Brillenschleifer Hans und Zacharias Janßen zu nennen. In dem langen Zeitraum vor dieser Erfindung hat es die Menschheit auf dem Gebiete der Linsenoptik nur bis zur Entdeckung und Entwicklung der Brillen gebracht. Die stärkeren, als Lupen brauchbaren Brillengläser bilden gewissermaßen die Vorläufer des Mikroskopes. Eine größere Verbreitung gewann es zunächst nicht in der Gestalt des zusammengesetzten, sondern in der des einfachen Mikroskopes, weil für längere Zeit nur dieses die für wissenschaftliche Untersuchungen erforderlichen starken Vergrößerungen bei genügender Klarheit und Schärfe der Bilder zuließ.

Einer der ersten, welche dem einfachen Mikroskop eine zu wissenschaftlichen Beobachtungen brauchbare Form gab, war der holländische Naturliebhaber Anton van Leeuwenhoek (1632—1723 in Delft), der schon als Entdecker der Aufgußtierchen erwähnt wurde. Er fertigte sowohl die Linsen wie auch den mechanischen Teil seiner Instrumente selbst an. Diese bestanden (Abb. 73) aus dem Objekthalter S, der seitlichen Schraube E zur Einstellung des Objektes in die richtige Entfernung von der Linse L, der zur Höhenverstellung dienenden Schraube H und der die Einzelteile tragenden Metallplatte. Die Leistungsfähigkeit dieser Mikroskope, welche einfach gegen das Licht gehalten wurden, ist durch die zahlreichen Entdeckungen ihres Verfertigers verbürgt. Außer den Aufgußtierchen entdeckte er unter vielem andern die ersten Bakterien. Er fand sie in dem Zahnbelag aus der Mundhöhle des Menschen.

Angespornt durch solche Erfolge widmeten viele Naturforscher und Instrumentenbauer ihre Arbeits- und Erfindungskraft dem einfachen Mikroskop. So entstand allmählich eine Form, welche der unserer heute noch gebräuchlichen Lupen oder Präparierstative ganz ähnlich war

(Abb. 74). Nach diesem Muster sind die meisten Mikroskope in der letzten Hälfte des 18. Jahrhunderts mit nur unwesentlichen Abweichungen ausgeführt. Während der Zeit der Entwicklung des einfachen Mikroskopes war man in der Verbesserung des zusammengesetzten Mikroskopes nicht müßig gewesen. Obwohl dieses Instrument anfangs das einfache Mikroskop

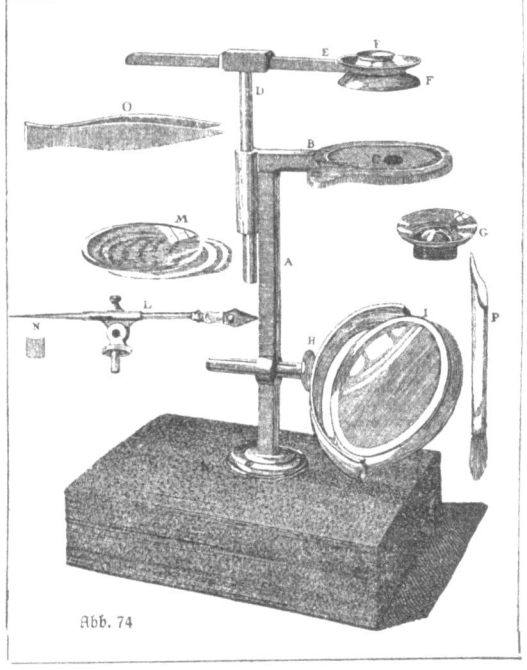

Abb. 74

an Leistungsfähigkeit nicht einmal erreichte, stellte sich doch von einem bestimmten Zeitpunkt an seine Überlegenheit so schlagend heraus, daß es für alle mittleren und starken Vergrößerungen das einfache Mikroskop vollständig verdrängte. Das erste zusammengesetzte Mikroskop, von welchem wir eine Abbildung und Beschreibung besitzen, ist das in Abb. 75 wiedergegebene Instrument des englischen Naturforschers Robert Hooke (1667). Aus den zahlreichen mit vorbildlichen Illustrationen versehenen Beobachtungsergebnissen können wir schließen, daß sein Mikroskop recht brauchbar war. Der Zeitpunkt der Überlegenheit des zusammengesetzten Mikroskopes trat erst ein, als es gelang, seine optischen Leistungen ganz wesentlich zu heben. Zwei durch Zusammenwirken von Theorie und Praxis entstandene und ausgebaute Erfindungen führten dies herbei, nämlich die Konstruktion der achromatischen Linsen durch John Dollond (1757) und ihre Berechnung

8*

XV. Einiges aus der Geschichte des Mikroskopes

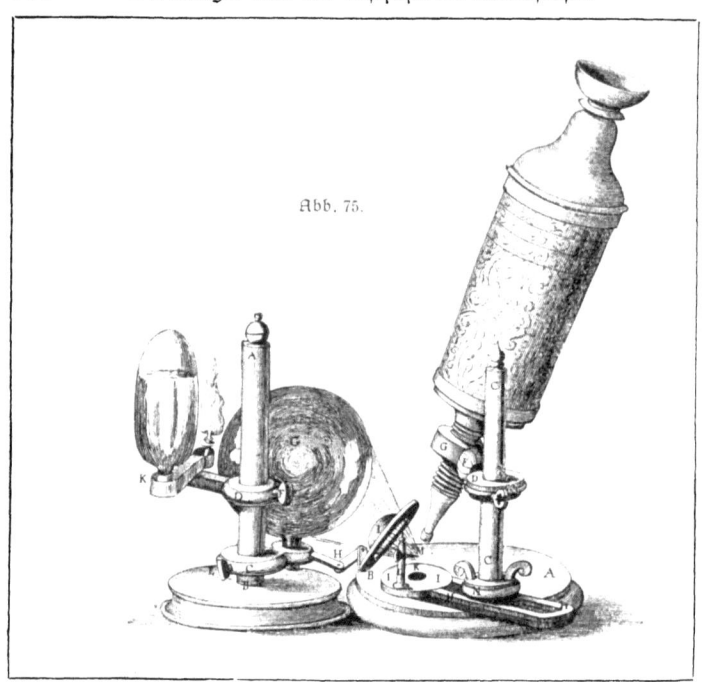

Abb. 75.

durch Euler (1771) sowie die Ausführung von Mikroskopobjektiven durch Chevalier in Paris (1824), welche nach den Angaben von Selligue aus mehreren achromatischen Linsen zusammengesetzt waren. Hierdurch wurde eine so erhebliche Verringerung der sphärischen Aberration bei guter achromatischer Korrektion erzielt, daß Vergrößerungen bis zu 1200fach mit Erfolg angewandt werden konnten. Die Überlegenheit des zusammengesetzten Mikroskopes war damit gegeben, und die Fortschritte erfolgten durch die emsige Arbeit von Theoretikern und Praktikern so schnell, daß das Instrument bald eine Stufe hoher Vollkommenheit erreichte. Diese Epoche brachte uns außer der Erfindung der Immersionsobjektive durch Amici als einen gewissen Abschluß in der Entwicklung der Optik die Konstruktion der Apochromate durch Ernst Abbe. In seiner Lehre von der Bildentstehung im Mikroskop schenkte dieser uns eine vollendete Darstellung der Theorie dieses Instrumentes.

Sachregister.

Abbe, E. 13. 37. 39. 51. 71. 81. 116
Abbildung, primäre 36, sekundäre 36, positive 86, negative 86
Aberration, sphärische 12
—, — Prüfung der 72
—, chromatische 12
—, — Prüfung der 72
— im Deckglase 26
—, chromatische Differenz der sphärischen 13
Achromat 14. 54
Achse, optische 10
Alaun 12
Algen 18
Amici 116
Amikronen 113
Amphipleura pellucida 73
Amplitude 32
Analysator 77
Anatomie, mikroskopische 105
Anisotrope Körper, mikroskopische Untersuchung von 77
Apertometer, Abbesches 71
Apertur, numerische 20
—, Messung der 70
Aperturblende 30
Apochromat 55
Astronomie, Mikroskop als Meßinstrument in der 104
Aufbewahren des Mikroskopes 53
Aufgußtierchen 104
Auflösungsvermögen 44. 58
Augenkreis 29
Augenlinse im Okular 25
Austrittspupille 29
Azimut der Beleuchtung 101

Bakterien 94. 96. 105. 114
Bakterienkolonien, Zählung von 64
Behandlung des Mikroskopes 52

Beleuchtung, gerade 45. 50
—, schiefe 45. 50
Beleuchtungsapparat, Abbescher 51
Beleuchtungsspiegel 25. 30. 49
Benzin 53
Beugung des Lichtes 34
Bild, reelles 11
—, virtuelles 16
Bildhebung durch planparallele Glasplatten 63
Bildumkehr, durch Prisma von Nachet 82
— durch Porro-Prisma 82. 83
Bildumkehrendes Mikroskop 83
Binokular-Mikroskop 83
Blaufilter für künstliches Licht 74
Blutkörperchen, Zählung von 64
Brechung des Lichtes 8
— — — an Linsen 9
Brechungsgesetz 9
Brechungsverhältnis 9
Brennebene 10
Brennebenen, Bestimmung der Lage von 68
Brennpunkt 10
Brennweite 10
—, Messung der 66
Brewster 17
Brillen 114
Brillengläser 114
Brückesche Lupe 18
Bürker, Zählkammer nach 65

Chevalier 116
Cholera 107

Deckglas 21. 24. 31
—, Aberration im 26
Deckglasdicke, Messung der 62
Definition des Mikroskopes 8

Diatomeen 43. 73
Dickenmessungen mit dem Mikroskop 62
Diffraktionsplatte nach Abbe 39
Dispersion der optischen Mittel 14
Dollond 115
Drehtisch, zentrierbarer 48
Dunkelfeldbeleuchtung 84. 90
Dunkelfeldkondensoren 92
Dünnschliffe 97. 109
Dünnschnitte 97

Einbettungsmittel für mikroskopische Präparate 98
Einfallsebene 9
Einfallslot 9
Einfallswinkel 9
Einfarbiges Licht 82
Einhängeblenden 87
Eintrittspupille 28
Einrichtung des Mikroskopes 45
Einschlüsse, mikroskopische 100
Einstellen des Mikroskopes 52
Eiweiß 113
Entoptische Erscheinungen 86
Entwässern der Präparate 98

Fadenkreuz 65
Färben 97. 109
Farbfilter 82
Feinbau von Tier und Pflanze 105
Feinverstellung 46
Fieber, gelbes 107
Finsen 111
Fluoreszenzlicht 88
Fluoreszenzmikroskop 88
Fluoreszenzokular 89
Fluoritsystem 55
Flüssigkeitsfilter 82
Flußspat 12. 55
Fortpflanzungsgeschwindigkeit von Lichtwellen 32
Fraunhofer 17

Genußmittel, Untersuchung von 111
Gerbstoff, Reaktion auf 109
Geschichte des Mikroskopes, einiges aus der 113

Gesichtsfeldblende 27
Gesteine, Untersuchung von 78. 109
Gitter 37
Gitterspektrum 38
Glas, optisches 13
Glasglocke 53
Glyzerin 98
—-Immersion 89
Goldrubinglas 92
Goniometerokular 65
Graham 113
Grenzwinkel der Totalreflexion 22
Grobverstellung des Mikroskopes 47
Größe, scheinbare 8
Grundbestandteile eines zusammen-gesetzten Mikroskopes 18
Grundgesetze, optische 8

Haeckel 105
Handelsprodukte, Untersuchung von 111
Hauptebene 10
Hauptmaximum 39. 41. 84
Hayemsche Lösung 65
Heilmittel, Untersuchung von 111
Hilfsapparate zum Mikroskop 74
Histologie 105
Hölzer, Untersuchung der 97
Homogene Immersion 24
Hooke, R. 115
Hunghensche Okulare 56

Ignatowsky, von 94
Immersionsobjektive 23. 54. 55
Immersions-Ultramikroskop 92
Infektionskrankheiten 107
Interferenz 32
Interferenzerscheinungen 34
Interferenzfarben 78
Irisblende 30. 49
Isotrope Stoffe 77

Jansen, Hans und Zacharias 114
Jod, Reagenz auf Stärke 109. 112

Kadmiumfunke 88
Kaliumbichromat 95
Kanadabalsam 71. 98. 99

Sachregister

Kanadabalsamkugel in Luft 99
Kanten, Sichtbarkeit von 101
Kardioidkondensor 94
Karussellbild 101
Kippe des Mikroskopstatives 45
Kobaltglas 74
Koch 107
Kohärente Schwingungen 36
Köhler 88
Kollektivlinse des Okulares 25. 56. 57
Kolloidchemie 112
Kolloide 112
—, Bedeutung für die Technik 113
Kompensationsokulare 57
Komplanatische Okulare 58
Kompressorium 111
Kondensor 29
Konoskop 108
Konstanten, Bestimmung optischer 66
Konvergentes Licht 108
Korrektion der Objektive 13. 71
Korrektionssysteme 27. 56
Kreuztisch 48
Kristalle, Untersuchung von 78. 108. 109
Kugelirisblende 51
Küvette nach Bilz 92

Längenmessungen 61
Laveran 107
Lebewelt, mikroskopische 104
Leeuwenhoek 104. 114
Lehmann 89
Leim 113
Leistung, Prüfung der, des Mikroskopes 71
Licht, einfarbiges 82
Lichtbrechung 8
Lichtfilter 82
Lichtfortpflanzung, geradlinige 8
Lichtquellen 74. 94
Lichtstrahl 8
Lineare Objekte, Abbildung von 101
Linsen 9
—, achromatische 14
Linsenfehler 12
Linsensysteme, korrigierte 13. 24.

Longitudinalwellen 31
Luftblasen in Kanadabalsam 99
Lumineszenzmikroskop s. Fluoreszenzmikroskop
Lupe 15
—, aplanatische 17
Lupenformen 16

Magnesiumfunken 88
Malaria 107
Mazerieren 97
Medizin 106
Meßmikroskop 103
Messungen mit den Mikroskop 61
Metallmikroskop 110
Metallographie 110
Meteoreisen 110
Mikrochemische Reaktionen 109
Mikrometerokular 62
Mikrometerwert 61
Mikrophotographie 82
Mikroprojektionen 82
Mikroskop, bildumkehrendes 83
Mikroskopstativ 45
Mikrotom 97
Milzbrandstäbchen 107
Mineralien, Untersuchung von 75. 109
Monobromnaphtalin-Immersion 23. 58
Monochromate 88

Nahrungsmittel, Untersuchung von 111
Navicula viridis 73
Nebenmaximum 39
Nicolsches Prisma 76
Nobertsche Testplatte 72
Normalvergrößerung 59
Numerische Apertur 20. 58

Oberflächenbeleuchtung 78
Objekte, Abbildung selbstleuchtender 31
—, — nichtselbstleuchtender 36
—, lineare 101
—, Zurichtung mikroskopischer 96
Objektführung, mechanische 49. 74

Sachregister

Objektive 18. 53
Objektivschlitten 56
Objektivzange 56
Objektmikrometer 61. 69. 76
Objekttisch 19. 47. 111
Objektträger 23. 31
Öffnungswinkel 20
Okularblende 25. 27
Okulare 19. 56
—, Hunghensche 56
—, Kompensations= 57
—, komplanatische 58
—, orthoskopische 57
Okularkreis 25. 29
Okularmikrometer 61
Ölimmersion, homogene 24
Opakilluminator 78
Optik des Mikroskopes 18. 24. 53
Orthoskop 108
Orthoskopische Okulare 57
Osmiumsäure 109

Paraboloidkondensor 93
Parallaxe 67
Paralleles Licht, Untersuchung im 108
Parallelstrahlen 10
Pasteur 104
Petrographie, das Mikroskop in der 78
Phase 32
Physik, das Mikroskop als Meßinstrument in der 103
Planktonkunde 105
Pleurosigma angulatum 43. 73
— balticum 73
Polarisationsmikroskop 107
Polarisator 77
Polarisiertes Licht 31. 76
Pollender 107
Porro=Prismen 82. 83
Präparate, Herstellung mikroskopischer 96
Präparierstativ 18
Präpariersysteme 15
Primäre Abbildung 36
Prisma, bildumkehrendes 82. 83
—, totalreflektierendes 78. 111

Probeobjekte 72
Protozoen 18. 96. 105. 107
Prüfung der Leistungsfähigkeit des Mikroskopes 71
Pupille, Austritts= 29
—, Eintritts= 28

Quarz 12
Quarzkammer nach Siedentopf 95

Radiolarien 105
Ramsdensches Okular 57
Rasiermesser 97
Reade 92
Reflexionsgesetz 9
Reflexionswinkel 9
Reinigung von Linsenflächen 55
Revolverblenden 31
Rohr, von 88
Rosenbusch 107
Roß 107
Rückfallfieber 107

Schätzmikroskop 103
Schlachtfleisch, Untersuchung des 111
Schlafkrankheit 107
Schleiden 106
Schmetterlingsschuppen 75
Schwann 106
Schwingungen, kohärente 36
Schwingungsdauer 32
Sehweite, normale 7. 8
Sehwinkel 7
Sekundäre Abbildung 36
Sellique 116
Semi=Apochromat 55
Siedentopf 90. 93—95. 104
Sinusbedingung 15
Skalen, Messung der Unterabteilungen von 103
Spektralokular 82
Spektrum, Gitter= 38
—, sekundäres 14. 54. 55
Sphärische Aberration 12
—, Prüfung der 72
Spiegel, Objektbeleuchtung durch 29
Spiegelkondensoren 92
Spirochaete pallida 94

Sachregister

Sporn 46
Stanhope 17
Stärke, Reaktion auf 109. 112
Stativ des Mikroskopes 45
Steinheil 17
Sternblende 85
Strahlenbegrenzung im Mikroskop 27
Strahlengang in der Lupe 15
— im Mikroskop 19. 24
Submikronen 112
—, Ausmessung von 104
Surirella gemma 73
Syphilis 94. 107

Technik, das Mikroskop in der 102
Testplatte, Abbesche 71
—, Robertsche 72
Thoma, Zählkammer nach 65
Tiefenschärfe 96
Tischfedern 47
Tischirisblende 51
Totalreflexion 22
—, Winkel der 22
Transversalwellen 31
Trichinen, Untersuchung auf 111
Triebbewegung 47
Trockensysteme 23
Tuberkulose 107
Tubusauszug 47
Tubuslänge, optische 20. 47. 68. 69
—, mechanische 47
Tyndall 104

Ultramikroskop 90
Ultramikroskopische Teilchen 90
Ultraviolettes Licht 88
Ultraviolett-Mikroskop 88
Umkehr des mikroskopischen Bildes 82
Umkehrprisma von Nachet 82
— nach Porro 82. 83

Undurchsichtige Stoffe, Untersuchung von 78
Urzeugung 104

Vergrößerung der Lupe 16
— des Mikroskopes 20
— —, Bestimmung der 69
—, chromatische Differenz der 13
Versteinerungen 97
Vertikalilluminator 78

Wahrnehmung, mikroskopische 98
Wasserimmersion 23
Wellen, longitudinale 31
—, transversale 31
Wellenlänge 32
Wenham 93
Wilson 17
Winkelmessung 65
Wissenschaft, das Mikroskop in der 102

Xylol 53. 98

Zählen mikroskopischer Objekte 64
Zählkammer nach Bürker 65
— — Thoma 65
Zahnbelag, Bakterien im 114
Zahn- und Triebbewegung beim Mikroskop 47
Zedernholzöl 23. 24. 53. 86
Zeichenapparat nach Abbe 81
Zeichenokular 81
Zeichenprisma 80
Zeichnen mikroskopischer Objekte 80
Zelle 106
Zentralstrahlen 11
Zentrieren des Drehtisches 48
Zsigmondy 90. 92. 104. 113
Zurichtung mikroskopischer Objekte 96
Zwischenträger des Mikroskopes 46
Zylinderblende 30. 51

R. Winkel Göttingen

G. m. b. H.
Gegründet 1857

Optische und
mech. Werkstätten

WINKEL GÖTTINGEN

Mikroskope aller Art und deren Zubehörteile

Dunkelfeldbeleuchtung · Binokulare Mikroskope
Metallmikroskope · Mineralogische Mikroskope
Schleif- und Schneidemaschinen · Immersions-
Ultra-Mikroskop nach Prof. Dr. Zsigmondy

*

Zeichen= und Projektionsapparate

*

Mikrophotographische und Mikroprojektions=Apparate

*

Polarisations = Apparate

Preislisten und Kostenanschläge unberechnet und postfrei

ZEISS

Mikroskope
für allgemeine wissenschaftliche und technische Zwecke

Kurs- und Bakterien-Mikroskope
Ultra-Mikroskop
Luminescens-Mikroskop

*

Auskunft auf Anfrage

CARL ZEISS JENA

Druckschriften auf Wunsch kostenfrei

Stativ ASA, neues bakteriologisches Mikroskop

SARTORIUS-WERKE
AKTIENGESELLSCHAFT
GÖTTINGEN
PROVINZ HANNOVER

MIKROTOME
GEFRIER-MIKROTOME

Katalog „Mikro 17" kostenfrei	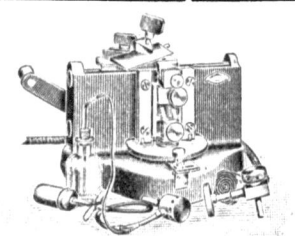	Katalog „Mikro 17" kostenfrei

Schlitten-Mikrotom
mit einfacher Präparatklammer, auch zum Gebrauch für Äther- und CO_2-Gefrier-Apparat

Gehirn-Mikrotome
für Schnitte bis zu 210×210 mm unter Flüssigkeit

Mikrotome
für Celloidin- und Paraffin-Schnitte

W. & H. SEIBERT WETZLAR

MIKROSKOPE
bester Ausführung.

Preislisten kostenlos.

Präparaten-Mappen u.-Kästen, Spezialitäten der Fa.
Chr. Schaaf
Schreibwarenfabrik ★ Marburg M (Hessen)

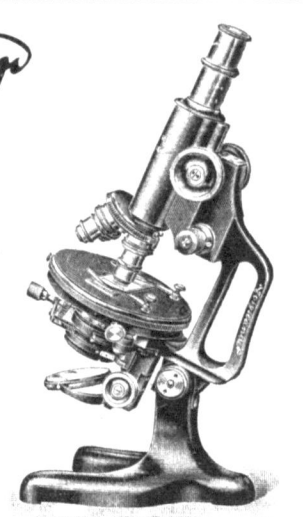

Voigtländer
Mikroskope
in jeder Ausführung für sämtliche wissenschaftlichen und praktischen Arbeiten

Voigtländer & Sohn, A.-G.
Optische Werke
Braunschweig

— Illustrierte Liste kostenlos —

Mikroskopische Präparate
Botanik, Zoologie, Diatomaceen, Typen- u. Testplatten, Mineralogie u. Geologie.

Liste über neue Schulsammlung mit Textheft und Angaben über weitere Kataloge auf Verlangen.

J. D. Möller, Wedel bei Hamburg.
Gegründet 1864.

MIX
Papier aus verantwortungsvollen Quellen
Paper from responsible sources
FSC® C105338

If you have any concerns about our products,
you can contact us on
ProductSafety@springernature.com

In case Publisher is established outside the EU,
the EU authorized representative is:
Springer Nature Customer Service Center GmbH
Europaplatz 3, 69115 Heidelberg, Germany

Printed by Libri Plureos GmbH
in Hamburg, Germany